掌控情绪，告别内耗

罗杰◎著

台海出版社

图书在版编目（CIP）数据

掌控情绪，告别内耗 / 罗杰著 . -- 北京：台海出
版社，2025.6. -- ISBN 978-7-5168-4226-3

Ⅰ . B842.6-49

中国国家版本馆 CIP 数据核字第 2025H94H05 号

掌控情绪，告别内耗

著　　者：	罗　杰	

责任编辑：俞滟荣

出版发行：台海出版社
地　　址：北京市东城区景山东街20号　　　邮政编码：100009
电　　话：010-64041652（发行，邮购）
传　　真：010-84045799（总编室）
网　　址：www.taimeng.org.cn/thcbs/default.htm
E-mail：thcbs@126.com

经　　销：全国各地新华书店
印　　刷：三河市兴博印务有限公司
本书如有破损、缺页、装订错误，请与本社联系调换

开　　本：880毫米×1230毫米　　　1/32
字　　数：163千字　　　　　　　　印　　张：7
版　　次：2025年6月第1版　　　　印　　次：2025年6月第1次印刷
书　　号：ISBN 978-7-5168-4226-3

定　　价：58.00元

谨以此书，

献给我们共同的探索之路。

目录 Contents

Chapter 01

第一章｜把神经当作朋友

"快起来吧，迪克！瞧，新雪上洒满了灿烂的阳光，这景象比梦境还要美丽。再看那些小鸟儿们，它们还在为早餐忙碌着。咱们赶紧起床，穿好衣服，趁安妮还没叫唤，先给小鸟们送上早餐吧。"

　　这位慈祥的母亲名叫伊索尔·贝克斯特·洛德，38岁，而她的小迪克才刚刚5岁。她的容颜犹如精雕细琢的艺术品，眼睛和秀发都是深邃的棕色，身形苗条，姿态优雅。她是母亲的典范，是激发丈夫灵感的妻子，更是朋友们心中挚爱的友人。

　　这个家坐落在阿灵顿附近的高地，从这里可以远眺雄伟的波托马克河——这条古老的河流蜿蜒流淌，穿过树梢，国会大厦的轮廓若隐若现，展露出其最动人的风貌。这是一个散发着宁静与祥和气息的家，当你走近时，就能感受到那种如诗如画的安宁。

　　丈夫马丁·洛德是一位资深化学家，长期在政府机构工作。他能力出众，品行高尚，充满男子气概，过着令人称羡的生活。他们结婚8年了，除了长女玛格丽特不幸夭折带来的哀伤，他们的生活一直幸福美满。

　　30岁的时候，伊索尔·贝克斯特成为洛德夫人。她的父亲是一位充满激情但紧张易怒的商人，从事进口贸易，经常在欧洲奔波，结果不幸在那里因伤寒而去世，当时伊索尔才10岁。她的母亲来自马里兰州一个颇有名望的大家庭，金发碧眼，体态柔弱，敏感且神经质。在她的家族里，贵族血统的传统被虔诚地恪守着，过于强调"蓝血"身份[1]，以至于从未培养她在心灵和身体上具备应有的坚韧。因此，尽管有着精心的准备、纽约顶尖的医疗技术以及最高级别的护理，她在生下伊索尔后恢复得并不理想。她并不想成为病弱者，她深爱着自己的丈夫，渴望陪伴并养育她的孩子。10年间，她做了4次手术。后来，贝克斯特先生离世，她所有的身体不适似乎都由此而愈发加剧了，直到绝望之际，进行了第5次手术。这是一场漫长而严酷的手术，但她未能从中恢复过来。于是，11岁的伊索尔成了孤儿，但她并非孤身一人，因为她的好舅舅把她接到了自己家中，视如己出。他充满爱心，慷慨大方，但他自己的生活却缺乏规律和秩序，这一点也影响了他的侄女。

在伊索尔·贝克斯特的童年时期，尽管父母双方都带有强烈的神经质倾向，但她却奇迹般地受到了良好影响。为了母亲的健康，他们在冬季迁徙至阳光明媚的佛罗里达，夏日则栖息于宁静宜人的长岛。她的母亲尽管常年生病，却全身心投入了女儿的成长中。每日的课业时光，母亲无不言传身教，悉心教导——关于关怀他人，关于优雅举止，关于对美的追求，关于处理家务琐事，以及几乎所有的学问。伊索尔活力四射，身体里仿佛藏着用不完的能量，自幼

1　"蓝血"身份通常是指贵族或皇室成员的身份。

便展露了敏锐的洞察力和细腻的情感。然而，母亲在无意中灌输给女儿一个致命且日后逐渐显露其威胁性的概念：那就是对病弱状态的认同。这一观念在伊索尔幼小的心灵中深深扎根。在贝克斯特的家中，应对神经质患者的种种特殊需求与考量，多年来已成为日常生活中自然而然的一部分。而母亲出于本能的需求，虽未刻意为之，却不可避免地影响了伊索尔的天性。

伊索尔的父亲猝然离世，给这个家庭带来了沉重的打击。噩耗传来后，母亲陷入了一个月的极度悲痛与无助之中，甚至无法出席葬礼。数周的时间内，整个家庭沉浸在一片哀伤的气氛里，显得格外压抑。当她终于走出房间，身着最为庄重的绉纱丧服，而她亲自寄出的数百封吊唁信上，都带有半英寸黑色边框，以示对亡者的深切悼念。仅仅一年之后，母亲也突然离开了人世。

于是，从生命的初始，伊索尔就承载着对死亡的病态认知，相信自怜有其合理性，认为公开展示深切的痛苦是自己的责任。这些观念如种子般深深植根于她的心田。在12岁之前，这些负面情绪在她身体中已悄然引发了情感的动荡，令她内心失去了平衡。

她随舅舅定居于繁华的纽约城，夏日则北上加拿大避暑。在接下来的两年里，她刻意抑制了自己天性中的活力与激情，生怕稍有不慎便会破坏了周遭环境的和谐。由此形成的习惯，束缚了她身体的自由，使她在很长一段时间内无法自然地运用自己的肌肉和肢体。她沉浸在书海之中，阅读广泛且深入，不仅阅读量大，而且理解透彻。她就读于一所私立学校，年纪轻轻就被视为大家闺秀。她心智成熟得早，除了那些已提及的不利因素外，她拥有超乎常人的感受力、创造力、行动力以及承受痛苦的能力。

16岁的她，宛如一件精致的法国塞弗勒瓷器，虽身姿纤弱，却魅力非凡。她情感丰富，才情洋溢，尽管平日里保持着沉默的矜持，但那份内在的活力与聪慧时而会穿透这种表象，闪耀光芒。她是学校的佼佼者，在文学艺术的领域里，她曾创作数篇短篇故事，展现出独特的想象力和对人间疾苦的深切同情。舅舅认定，她将成为超越英国作家乔治·艾略特的文学巨匠。在医生与英文老师的一致推荐下，她欣然前往意大利求学。

17岁那年，在佛罗伦萨，命运为她安排了一场浪漫邂逅。家族的传统、父母的遗泽、孤儿的身份、舅舅家的庇护以及她的本能，这一切都让她对男女之情保持着距离，对这方面的了解仅限于书本。然而，当那位特别的爱人出现时，他所展现的一面迅速赢得了她的信任。两人一同研习意大利语，他懂音乐，她善诗文，他将她的十四行诗巧妙地谱成曲。命运的交响曲将他们紧紧相连，共同奏响和谐的乐章。终于，信任渐变为爱，这是一份似乎代表了她全部生命的爱。然而，过往的悲痛如同惊雷，再度猝不及防地轰击而来。在一个令人心碎的瞬间，他的另一面被彻底揭露，留下的是破碎的爱情，以及无尽的痛苦。这是一道无法用哀悼信笺和黑纱来表达的伤痕，它需要被深埋心底，永远隐匿。她决心投入写作，因为在那里，她找到了对人性的理解。她品尝过苦涩，带着更加坚定的意志，成为一个勤奋的学生。然而，曾经属于她的欢乐与美好，却如同流水般渐渐消逝。在她笔下流淌的文字中，病态的情感开始显露，而那份强烈的情感，却成了她思考与努力的主旋律。

伊索尔回到了舅舅家中。舅舅深信，她从未从丧父丧母之痛中恢复过来。内心的平和已悄然逝去，她愈发焦躁不安。为了不引起旁人的关注，她不得不费尽心思去掩饰这份不安。即便是置身于教堂肃穆的氛围中，仿佛也有一股躁动的暗流在体内翻涌，只有不断变换坐姿才能稍许平息。关于父母的记忆，以及在佛罗伦萨发生的那段往事，都加剧了她内心的不安。她时常无意识地抚弄着散落在额头前的几缕发丝，反复摘戴母亲遗留给她的戒指，仿佛这是唯一的慰藉。甚至连她的双脚也似乎在反抗束缚，她忍不住想要脱下鞋袜，哪怕是在剧院或音乐会上，那份束缚感令她难以忍受。叹息渐渐成为一种习惯，经年累月，这种呼吸的渴望终于演变成了对空气的渴求。最终，无论是身体上还是精神上的努力，都让她感到窒息，她被迫频繁地停下来休息。某些食物开始与消化不良的不适感联系在一起，而唯有茶能够给她带来一丝安慰，她开始依赖越来越多的茶饮。我们了解她的过往，所以能够理解她为何对那些伴随着痛苦情绪的不适而反应如此敏感。她的情感困扰被解读，或者说被误读为身体上的疾病。每年，她都变得更加脆弱敏感，对每一点不适都异常警觉，情感与意志之间的冲突让她越发容易疲惫不堪。

自从佛罗伦萨的那段日子之后，她对男性产生了强烈的排斥感，尤其是那些表现出追求者姿态的人。在她心中，誓言已被违背。她曾深深爱过一个人，那样的爱情不会再有第二次。但是，她的敌意、理想主义以及坚强的意志，都无法满足她心中那份难以言喻的渴望，这份渴望将她长时间困锁在房间里，压抑着无法解释的哭泣。写作变得耗尽心力，面对文学班的演讲，她预感那将是一场噩梦。慈祥的舅舅眼看着她日渐消瘦，很是担忧。他劝她去做一些康复治疗。她先是尝试了水疗，然后接受了小手术，但效果并不显著；随后是科学按摩，最后是休养疗法。然而，所有的尝试都没有带来持久的改善，那些症状如同幽灵般反复出现。问题究竟出在哪里？难道我们没有看到，这位女性的神经正在发出求救信号，它们作为她最明智的朋友，正在呼唤一种正确的生活方式；它们在恳求，要求发展那个仅被训练得半途而废的身体；它们在乞求，用失去的快乐时光取代病态的情绪。它们难道不是在诅咒那些剥夺了她作为女性应有的希望和权利的错误吗？

28岁那年，伊索尔的人生迎来了转折点。一个懂得倾听她神经深处呼喊的救星出现了，他解读了她身体发出的信号，为她指引了前行的方向。她向他敞开了心扉，倾诉了所有的苦楚与挣扎，而他那充满智慧的慈爱，让她找到了倾诉的勇气。他帮助她识别了那些源自内心虚弱的想法，那些让人沉沦于不幸、抑郁、丧失活力的消极态度，尤其是对死亡的恐惧与误解。她毅然决然地选择与自己的神经和解，将它们视为守护她健康最忠诚的朋友。在身体健康方面，他给予了她简单而直接的指导。在短短一年的积极锻炼与调养后，她从柔弱中孕育出了家族女性数代未曾拥有的坚韧力量。他教会她认识自己病态心理习惯的危害，她决心以塑造性格的积极习惯来替代那些消耗生命力的旧习。最终，理解和接纳消弭了曾经的敌意，一个真正配得上她高尚情操的男人走进了她的世界：一个理解她文学梦想，甚至能对其作品提出建设性批评的伴侣；一个带来健康生活方式与思想观念的人。他能以乐观回应乐观，他的爱与她心中涌动的情感共鸣，彼此相映生辉。

　　小玛格丽特的降生，让这个家充满了温馨与完美。她就像一株珍贵的花卉，在家的温暖阳光下茁壮成长。当她长到18个月大时，已然是孩童的典范。然而，一场突如其来的未知感染，猩红热的侵袭让死亡的阴影再次笼罩了伊索尔·洛德。在这场与死神的殊死搏斗中，她失去了挚爱的女儿。但这一次，她已不再如往昔般茫然无措。她体验到了失去的深切悲痛，却也感受到了曾经拥有的无比幸福。小生命离去留下的空白，唤起了她无尽的母爱，这份爱永不会消逝。没有哀悼的仪式，没有哀伤的黑衣，没有沉重的葬礼，只有一束束鲜花承载着更多温柔的爱，以及一份被升华的哀愁。从此，死亡再也不会成为伊索尔心中不可逾越的创伤，因为她的信仰已让失去成为一种不可触及的过去。

　　伊索尔·洛德的一生，便是这样一位灵魂深处蕴含着美丽精神的女性的真实写照——她是丈夫和儿子心中永不褪色的光芒，用她对生活的热爱与欢愉，激发他们不断向前；她是舅舅和朋友眼中的楷模，是一个掌握了幸福生活艺术的大师；她以无私的关怀，赢得了邻里和仆人们的尊敬与爱戴。伊索尔·洛德深刻地领悟了当我们将神经视为朋友时，它们所蕴含的无穷可能。

Chapter 02

第二章｜误用天赋

整整四年，国家深陷内战的苦海，战争的铁蹄踏遍每一寸土地，将绝望与哀痛布满人间。直至春末四月，烽火连天的景象终于画上了句号。在六月一个明媚的日子里，小镇与周边乡间的百姓汇聚于一位待嫁新娘的庄园，共庆和平。若非偶尔映入眼帘的蓝色军装，那日的宁静与美好几乎让人忘却了战火的痕迹。新郎山姆·克莱顿出身农家，是邻近农场主毫不起眼的儿子，与新娘伊丽莎白自幼同窗共读。或许，战争缩减了她的择偶范围，但就在他离乡赴战场的前夜，两人许下了终身之约。她来自县里的一个显赫家庭。"桃花运爆棚"与"战地恋歌"，男人们这样评价这门亲事。然而，无论是六周前带着一身荣耀的勋章凯旋，还是随后50年恪守正直的生活轨迹，都证明了山姆具备无可争议的价值。伊丽莎白在20岁那年的大喜之日，身姿袅娜，肌肤胜雪，苏格兰—爱尔兰的血统赋予她一双灰眸，透露出非凡的才智与敏捷。今日那双眼睛中闪烁的骄傲，即使是在随后多年的爱意浸泡中，也未曾被冲淡半分。但这的确是一场盛况空前的婚礼，欢宴、舞步与笑语喧哗，一直延续至深夜。女士们交口称赞这对新人："简直是天生一对，地设一双。"

山姆·克莱顿当时一贫如洗，银行账户上空空如也，但新娘带来的嫁妆却包括了50英亩（1英亩约等于4046.86平方米）肥沃的土地。这50英亩土地在山姆的精心打理下，年年开花结果，生机盎然。他不仅是一位出色的农夫，更展现出了卓越的商业天赋，没过多久，他就在镇上开设了自己的小店。很快，他们又购置了另一块50英亩的土地。仅仅15年间，他们的土地总面积就达到了150英亩，且无任何负债。接着，一位手握重金的合伙人加入，他们的生意蒸蒸日上。到了45岁那年，他已成为"山姆·克莱顿先生，大农场主与商业银行总裁"，个人资产高达15万美元。而克莱顿夫人的能力早在婚前便已崭露头角。那时，她在县集市上凭借精妙的钩织技艺与精致的李子果冻，赢得了众人的赞誉。多年后，她的年度罐装水果展览更是无人匹敌，连续多个秋天，她都被誉为全县最佳黄油制作者。这些荣誉奖项，是她厨艺与智慧的象征。

　　让我们将目光投向克莱顿家族，他们的故事在结婚的第25个年头才真正进入高潮。彼时，克莱顿家族所在的县镇已悄然扩张至他们庄园的边缘，将这一家族推上了当地社会的顶峰。克莱顿夫妇有三个子女，一女二男。女儿继承了父亲的特质，性格含蓄，学业勤奋，在未来的岁月里，她将成为家中的精神支柱——即使心有所属，仍坚守家中，为了照顾日益依赖她的母亲而牺牲了自己的幸福。她与哥哥一同在附近的大学深造，兄妹志趣相投，然而哥哥很快步入婚姻殿堂，携家带口移居西部，开创了一片属于自己的天地。小儿子弗雷德，却走出了迥异的人生轨迹。在他蹒跚学步的年纪，一场凶猛的霍乱差点夺走了他的生命。在那段艰难的日子里，时间仿佛凝固，医生们匆匆而来，又匆匆而去。母亲面容苍白，身心俱疲。医生最终放弃了希望，孩子在饥饿的折磨中挣扎，任何食物和药物都与他无缘，死神似乎已在门外徘徊。然而，命运却在此刻展现了一线生机。一位邻近的祖母讲述了一个相似的故事，她的孩子在病重时，烤甜薯拯救了他的生命，这是他所能消化的第一份食物。如同命运的恩赐，弗雷德的命运亦因此转折，他奇迹般地康复了。这一经历让母亲对所谓的医生彻底失去了信心，却对这个险些失去的儿子产生了近乎狂热的溺爱。弗雷德的愿望成了她的圣旨，她无条件地纵容他。在大学生涯中，他未能完成学业，母亲却总能找到理由为他的失败辩解。当他踏入银行业，却在短短数月内陷入了财务欺诈的泥潭，母亲动用自己的私房钱为他弥补亏空。在接下来的几年里，她不得不多次从个人账户中抽调资金，以避免他陷入麻烦，但对他的行为，她从未有过一句责备。

然而，弗雷德的放纵并未因此得到收敛。酒精和赌博成了他生活的主旋律。在一个临近的州首府，一个狂欢之夜，他醉醺醺地离开了牌桌卜赢家的席位，却在一片混乱中被朋友们遗弃在冰冷的雪地上不省人事——他赢得的奖金也被尽数掏空了。无论父亲的财富如何丰厚，母亲的爱多么深沉，都无法挽回他的生命。几天后，肺炎无情地带走了他年轻的生命。人们纷纷议论，认为这便是她精神崩溃的根源——但真相是否真的如此，我们还需细细探究。

伊丽莎白生长于富饶之家，是当地贵族圈中的明珠。她不仅精通家政，还接受了超越常人的教育。她思维敏捷，对仪容仪表的追求近乎极致。她声称自己"深爱山姆·克莱顿"，这份情感或许真实，虽然它远不及她对儿子的那份无私奉献，也未曾达到足以与丈夫共享她那可观家产的信任高度，她更愿意与自己的儿子分享。事实上，她是一位自主创业的女强人，从未将财产托付给同阶级人群都信任的"农商银行"。作为一位公认的贤内助，她对家庭事务和经济规划的每一个细节都倾注了全部热情。家中总是食物丰盛且品质上乘，她对秩序和清洁有着近乎洁癖般的坚持。她时常向丈夫提供精明的财务和管理建议，但除此以外，她对丈夫的生活并没有太大兴趣，但夫妻间因山姆的平和性格而保持着宁静与和谐。身为母亲，她对子女的照料细致入微，孩子们总是身着整洁光鲜的衣裳，远远超过邻里孩童的装束。她将教育置于首要位置。她对子女的责任感深厚，时常挂在嘴边的是："我活着、存钱和辛勤劳作，都是为了我的孩子们。"而弗雷德却是她生命中的唯一例外。为了他，她打破了自己恪守的所有规则。

到了45岁，伊丽莎白身形日渐消瘦，岁月的忧虑在她脸上刻下了深深的痕迹。她成为家庭的忠实守护者，但同时也是仆人、代理人和商家面前的铁腕人物。人们称颂她的意志坚定，除了弗雷德，她从未向任何人低头示弱。

玛丽是一个奴隶，是家里雇佣的佣人，她无比温顺。年复一年，她的生活轨迹从不曾有过丝毫改变。23年来，她悄无声息地完成着无休无止的家务。直到一场灾难降临，"那个雇来的傻瓜骗了玛丽。"没有婚礼的祝福，没有临别的赠言，只有一个疯狂的男人打包了玛丽的行李，连同玛丽一起消失得无影无踪。自此之后，克莱顿家的餐桌上多了一份新谈资，每当有新的仆人因为母亲的不满而离开，便又得重新寻觅合意的仆从。其实，在玛丽所谓的背叛之前，伊丽莎白也早已被生活的重担压得喘不过气来。而弗雷德的离世，则彻底击垮了她多年来辛苦建立的一切。数周的时间里，她表现出一种前所未有的怨怼。

这位天赋出众、体魄与心智皆佳的女性，却让自己的才能和潜力走上了扭曲的道路。最初，她那井然有序的生活方式，逐渐演变为对清洁的病态追求。家中的每一件家具都遵循着固定的每周清洁程序并进行抛光，地毯不仅要扫除灰尘，还要经过细致的拍打、海绵清洗和日光暴晒。即便是玛丽，也无法完全符合她对桌布清洗的标准，而每周二下午则成了她专注于熨烫的时间。这份对清洁的痴迷，滋生了对不洁的恐惧。多年来，每一只餐具都会在反光下接受严格的审视，哪怕是最细微的痕迹，也会遭到她的严厉批评。尤其是牛奶和黄油，其处理过程的严谨程度，堪比外科手术的无菌操作。还有那些门，前门仅供宾客使用，但仅限于她心目中的贵宾——以及她心爱的弗雷德；侧门则是家人进出的通道，邻居的孩子或送菜的小伙若是不慎将泥土带入，便会遭受她的严厉责备。无论帮工如何擦拭双脚，挤奶后都绝不允许踏上厨房的台阶——他只能爬上梯子，将牛奶送上后廊。

这种对细节的极端关注，使得伊丽莎白开始过度关注自己的身体，她的身体变得愈发敏感，她被困在了对穿堂风的恐惧与对空气流通的狂热追求之间，陷入了无尽的焦虑。于是，窗户被频繁地开关，通风口时而打开时而关闭，一会儿需要披肩保暖，一会儿又渴望更多新鲜空气。教堂、演讲厅和剧院，这些曾经的社交场所，逐渐变得令她无法忍受。最终，她几乎成了家中半幽暗空间里的囚徒，被身体的每一丝感受所囚禁。随后，汽车成了她新的诅咒。克莱顿家距离县道不过百米之遥，每当西风吹过，过往车辆扬起的尘土破坏了她家客厅与房间的清净。带着满腔怒火，她时而紧闭门窗，时而又将其敞开，房间一遍遍被打扫，又一次次重新清理，直到她对汽车的喇叭声产生厌恶，直到汽油燃烧的气味让她感到恶心。然而，每年汽车的数量都在增加，她的困扰也随之升级。

最终，家人意识到她失控的状态正变得日益严重，她真的在承受着痛苦，但她对医生的敌意根深蒂固，因此他们请来了整脊调理师。然而，她的偏执太深，以至于反感整脊师的手法接触，担心未知的感染可能从他的手掌传入她的身体，给她带来更大的伤害。理性在她的种种恐惧症面前逐渐失去了作用。她的胃黏膜"被破坏"，唯有最精致的食物和亲手烹制的菜肴才能被送入她那"脆弱的胃囊"中。她在弗雷德的葬礼上晕厥过，每当提及他的名字，她会精神恍惚，几乎失去意识。她的谈话内容不离饮食、感受和自身。她让遇到的每个人都感到厌烦，因为她的行动和言语中只流露出自我，而这份自我，已经成为她生活的全部。

最终，家人以维护健康的名义，将她送往南方的一所疗养院。在那里，尽管她极力抗拒，医护人员仍不懈努力，试图治愈她的心灵与肉体。她的心理状态之脆弱，从她对葡萄籽的极端恐惧中可见一斑。在一次旨在调整饮食结构的治疗过程中，葡萄被列为她的早餐选项。细心的护士发现，她小心翼翼地将每一颗籽从果肉中剔除，便耐心地向她解释了葡萄籽对健康的潜在益处。她表面上接受了护士的解释，未与之争执，但两天后，护士惊讶地发现她悄悄地将那些籽吐出并藏匿起来。面对这一情况，医生诚恳而认真地请求她理智配合治疗。在医生的温柔劝导下，她终于吐露了心声。原来多年前，邻家的一个小男孩因阑尾炎不幸去世，而当时的医生认为是葡萄籽导致了这一悲剧。医生向她阐明了这种观点的谬误。为了证明自己的诚意，她取出一张一千美元的支票，这是她一直随身携带，以备不时之需的应急资金。她承诺，如果医生能撤销食用葡萄的指令，她愿意将这笔钱捐赠给医院，用于慈善事业或任由医生处置。最终，她学会品尝了多种葡萄，她的身心状态有所好转，但遗憾的是，她从未真正恢复到健康状态，至今仍活在对死亡的恐惧中，而她的家人则以一种无意识的耐心等待着这一天的到来。

这位不幸的老妇人，为何无法把握住生活赋予她的丰盛礼物，从而实现自我价值呢？究其原因，是她那以自我中心的个性在每一次行动中显露无遗。甚至她对弗雷德的慷慨，也不过是自我满足的另一种形式。

她的智慧与洞察力天生就不凡。她居住的地方，距离俄亥俄州的一所顶尖大学仅一步之遥，乘火车只需一小时就能抵达繁华的州府。命运对她微笑，为她铺就了一条通往幸福的道路，但她的心中只有自我或家庭，没有更远的视野、计划或关怀。

伊丽莎白·克莱顿拥有一副超凡的神经系统，如果她能将其用于提升身边人的福祉，她的人生或许能带上些许神性，甚至成为一段传奇。然而，她却误用了这份天赋，最终成为一个自私的神经质老人。

Chapter 03

第三章｜抛弃虚假的自我

神经系统受损给人带来的负担，堪称人类面临的重大挑战之一。正是靠着非凡而复杂的神经系统，人类才得以攀登智慧的高峰。这一系统不仅是我们力量的源泉，更是我们能够体验世间美好、成就伟大事业的关键。神经系统就像是生命的指挥中心，它指导我们如何恰当地应对周遭的世界。无论是情感上的细微变化还是身体机能的调控，都离不开神经系统的精准指挥。然而，一旦这个系统失衡，就会引发一系列问题。

　　身体、心理和道德这三个层面紧密交织在一起，就如同彩虹中那七原色般不可分割。我们的神经系统深度参与着生活的每一个情感波动、每一次思维跳跃和每一次行为选择，贯穿于身体的每一个机能之中，触及心灵的每一次渴望。它不仅左右着我们的生理健康，还影响着我们的命运轨迹，甚至可能波及他人的生活。现在，让我们翻开人生的几页篇章，一探神经系统受损所带来的沉重代价。

　　豪华的卧铺车厢内人满为患，挤满了旅客。最受关注的莫过于那对新婚夫妇，他们享受着车厢内的私人空间。然而，原本温馨的氛围却被一场突如其来的疾病打破。在车厢的一角，一位面容憔悴的女士躺在成堆的枕头上，周围围满了关切的面孔。她的呻吟声与哭泣声交替，仿佛内心的痛苦已到了无法承受的地步。她紧紧地抱住头部，似乎撕扯自己的头发可以缓解痛苦；她屏息、抓住喉咙、闭上双眼，仿佛想要隔绝一切外界的存在。她用力地按住胸口，生怕心脏会从体内跳脱；她双手紧握，时而将手臂咬在齿间，企图以此来压抑心中翻涌的苦楚。若非身旁那位不起眼的小个子男子跪在地上，默默地守护着她，防止她在痉挛中失控坠落，她或许早已从座位上摔下。这位男子虽然外表普通，但他的眼神中透露出深深的忧虑与恐惧。在他身边，一位慈祥的老妇人坐立不安，充满了母性的关怀。为了寻找能够缓解痛苦的药物，她的旅行袋已被翻得底朝天。老妇人的手被痉挛的女人打了一下，一瓶樟脑水不慎从她手中滑落，滚落在地板上。对面坐着的是一位面容清秀的女大学生，她刚结束了一年的生理学学习，此刻正试图运用所学知识帮助这位处于病痛中的女士。

"解开她的衣领，让她头部放低，增加她的氧气供应。"她提议道。

小个子男人回应："我是她的丈夫，也是一名医生。我之前见过她这样，但是这些常规的急救措施对她并无明显效果。"

鼓手原本占据着上铺，正是看热闹的好位置，但一见事态不妙，他就飞快地躲进了吸烟室，试图在弥漫的雪茄烟雾中寻找掩护，仿佛烟雾能让他隐身一般。车厢里的乘客都被这突如其来的变故吓了一跳，空气中弥漫着一种压抑的寂静。那些心怀同情的人们挺身而出，纷纷伸出援手，而其他人则在与那位经验老到的乘务员的交谈中找到了一种认同感。乘务员在帮助将那位情绪失控的女士安置在绿色帘子后方时，不慎被她穿着高跟鞋的双脚踢得有些狼狈，只能无奈地对众人解释道："这位女士显然是紧张过度了。"

然而，舒适的卧铺并没有成为病人的避难所——她觉得自己快要窒息了，必须逃离这烟熏火燎和尘土飞扬的环境，必须远离那些令她不安的人群，否则她怕自己会窒息。随之而来的是阵阵剧烈的咳嗽和喘息，这些症状像波纹一样扩散开来，触动了整个车厢里每一位旁观者的心弦。

她的丈夫解释说，她刚从医院出院，准备回家，但她从未能在卧铺上安眠，如果他们能独享休息室，他相信能安抚她入睡。然而，他担心，如果她不能平静下来，后果不堪设想。列车长对此非常重视，他强调需要维持车厢内的宁静。于是，他、那位面带甜美笑容的女大学生以及那位慈祥的老太太组成了一支临时小分队，去照料这对年轻的新婚夫妇。放弃休息室的特权，转而选择下铺，对他们来说，这无疑是一个艰难的抉择。

然而，最终他们做出了牺牲，完成了房间的更换，随之而来的宁静重新带来了秩序，车厢里再次充满了假日旅行者应有的欢乐氛围。许多人因自己的善举而感到由衷的满足，他们认为自己已经做到了力所能及的帮助；另一些人则在自己的精明判断的坚持中守住了舒适，他们赞同乘务员的观点——他们已经看穿了那位女士，并没有被她轻易地蒙骗。

普拉特夫人，原名莉娜·道尔顿，45年前出生于加尔维斯顿。

她的父亲是一个牛贩子，生活放荡不羁，当他喝得酩酊大醉时，也会放纵家人。对莉娜而言，父亲从不是个难以亲近的人，即使在清醒时对他人态度冷硬，她也总能轻而易举地融化他的心。在他一生中最闪耀的道德时刻，是莉娜7岁那年，她重病缠身。当时，一位声名显赫的传教士正在镇上搭起的大帐篷里布道，父亲每日必到。他暗自发誓，如果莉娜能逃过此劫，他将加入教会，为信仰献身——然而，莉娜奇迹般地康复了，虽然这位女儿被父亲视若珍宝，但誓言却随风飘散，不再被提起。几年后，一次不幸的骑马事故夺去了他的生命，只留下了破碎的肋骨、一份保险单、两位女儿，以及一个坚强的遗孀。寡妇道尔顿夫人，即使在丈夫最放纵的日子里，也从未退缩。她体格健壮，内心坚韧，为人处世或许有些许强硬，对矫饰之事毫无同情。乡村的公立学校教育并未赋予她高远的理想或深邃的理论，但她以自己的方式，过着简单却充实的生活，遵循着古训，既不奢求，也不过分施与。80岁那年，她独自静静地在夜晚离开这个世界。然而，这个家却充斥着双重标准，尤其是在对莉娜的教育上，每当父亲在家，她总能获得母亲在父亲缺席时拒绝给予的一切。莉娜13岁那年，父亲离世；接下来的两年，对她而言是最平凡却也最安宁的日子。然而，一场意外彻底改写了她的命运轨迹，同时也悄然影响了他人的生活。

莉娜是一名技艺高超的轮滑选手。一个夜晚，她在滑冰场上被一名笨拙的新手撞倒，后脑勺狠狠地砸在了冰冷的地面上。她被带回了家，意识开始模糊，随后陷入了狂乱的谵妄状态，直到次日中午，她才逐渐恢复了理智。焦急万分的母亲小心翼翼地满足着女儿每一个愿望。三个月后，一件精致的连衣裙出现在了邻近店铺的橱窗里，莉娜为之倾倒。母亲却认为那件裙子太过成熟，价格也过于高昂。裙子依然悬挂在橱窗里，每看一次，她的渴望便增添一分。野餐活动即将临，只剩下一周的时间。莉娜再次在晚餐桌上提起这件裙子，母亲坚决地回答："不行。"然而，就在那一刻，莉娜的世界突然黑暗了下来。她紧紧抱住头部，仿佛要倒下一般，面部扭曲，全身颤抖。母亲慌了神，她意识到自己的严厉可能唤回了那场轮滑事故后的"脑部症状"。她彻夜守护，满心愧疚，而次日清晨，当莉娜睁开眼，梦寐以求的裙子便挂在了床尾，仿佛一夜之间，愿望成真。对于知情者而言，这一切的心理过程并不复杂：强烈的欲望，加之一个只有在母性恐惧面前才会软化立场的母亲，莉娜在心中建立了事故与母亲妥协之间的联系，更深远一点，将7岁那年的疾病与父亲无条件的慷慨联系在一起。什么能够阻止她的抽搐与暗示呢？许多反应在她半透明半神秘的潜意识世界里悄然发生；但这却是她一生中周期性爆发的开端，她几乎从未失手，总能如愿以偿。直到母亲去世，莉娜依然是唯一能将她的"不"转化为"是"的存在。

莉娜的姐姐性格平和，她掌握了速记技能，很快步入婚姻殿堂，嫁给了一个前途光明的年轻人。两人养育了两个孩子，生活看似温馨美满。然而，命运多舛，丈夫在一次旅行中不幸染上了黄热病，英年早逝。妻子深受打击，度过了漫长而灰暗的一年，其间消耗了大部分保险金。紧接着，加尔维斯顿飓风犹如天降浩劫，夺走了无数无辜的生命。在这场灾难中，莉娜的姐姐也未能幸免，只留下两个孤苦伶仃的孩子。

与此同时，莉娜完成了她的高中学业。继续在师范学院深造一年后，她最终在休斯敦附近的一所社区学校获得了教职。她那时18岁，容貌颇具韵味，五官精致，蓝灰色的双眸尤为迷人；一头略带卷曲的浅栗色秀发，总是梳理得既时尚又一丝不苟。事实上，她的整体气质让年轻男子们赞叹不已，称她为"时髦的美女教师"。随后，商人的公子翩然而至，两人的关系迅速升温，并许下了海誓山盟。然而，命运弄人，恋人的目光偶尔被一位身着丝绸的女子吸引，一次不经意的约会取消（火车晚点，实属无奈），莉娜便第一次在陌生人面前体验了"抽搐"发作的尴尬。情急之下，他们急忙找来老杰克·普拉特的儿子，这位刚从医学院毕业的年轻医生，面对这个柔弱无助的女子，他实在显得手足无措。尽管缺乏专业技巧，但他用关怀和实际行动弥补了医学判断上的不足。结果，一段婚约黯然收场，另一段关系却悄然绽放。仅两周之内，一切尘埃落定。老杰克颇有积蓄，年轻的医生事业初露锋芒，正需一位伴侣共度人生；而莉娜此刻正需要一位能填满她心房的男子。于是，年轻的普拉特医生娶了莉娜。如同陶艺家精心雕琢泥塑一般，她轻而易举地塑造了他的未来。

新婚燕尔的第一个月，新娘再度遭遇了抽搐的侵袭。他们原本计划前往休斯敦购物，并观赏戏剧，但医生丈夫因处理病例而耽搁。当他匆匆赶回家时，发现年轻的妻子正陷入另一次神经风暴中。症状并未完全缓解，直到他郑重承诺，无论何时何地，无论肩负何种职责，只要她呼唤，他都会即刻响应。这个承诺无形中束缚了他的未来，使得他作为医生的职业前景受到了影响。他所做的，正是出于爱和忠诚，只为确保她痉挛性发作的周期性重复上演。这只是她因"疾病"向他索取的一系列让步中的开端，随着时间的流逝，这些让步涉及了他的职业发展、社交圈子和经济状况。后来，老杰克驾鹤西去，医生继承的大量土地成为他们生活的重要支柱。但普拉特夫人有着远大的抱负，因此他们很快就搬到了繁华的休斯敦。如果他留在原地，本可以创出一番成就；他的教育背景、医疗技能和个人魅力，尽管在老家称得上数一数二，却注定在城市中难以施展拳脚。医生的妻子表面光彩照人，能够以独特的魅力与她所欣赏的人相处融洽，她会形成强烈的好恶，虽然时常冲动地展现出善意，却也能对仇视之人进行长达数月的报复。这样的女性，在教会委员会、社团、主日学中发挥着不可或缺的作用，在市民俱乐部的工作也卓有成效。她天生拥有美妙歌喉，热爱音乐，一旦投入其中，就能成为一位高效且充满热情的工作者。但是，莉娜·普拉特在不感兴趣的情况下，永远无法投入工作。定期地，"可怕的神经发作"会打断所有职责，成为她生活中的定时炸弹。医生完全受制于她。如果他还有其他追求，妻子早期表现出的不可调和的嫉妒，足以成为一剂清醒剂，让他断绝念想。他是无意识的奴隶，任由命运摆布。她的神经质在面对他时，不仅仅表现为痉挛。她还有一张犀利的嘴巴，时不时就会将这个可怜的男人刺痛得体无完肤。然而，他从不敢顶嘴，因为他害怕任何争执会引发那些在他有限的医学知识中如同癫痫发作一样神秘莫测的风暴。

岁月悠悠，家中孩童的缺席如同一曲悠长的悲歌，编织出一幕幕催人泪下的场景。每当疾病袭来，外面的世界似乎失去了光彩，这位擅长唤起怜悯的女子便沉浸在病榻之上，享受着由病痛带来的关怀与呵护。然而，命运的巨轮悄然转动，从墨西哥湾涌起的加尔维斯顿风暴如史诗中的灾难般降临人世，两位孤苦伶仃的孩子从此走进了她的世界，填补了心中长久以来的空缺。起初，这对孩子沐浴在无尽的宠爱之中，但好景不长，一个不经意的瞬间，这位养母无意中听到了大女儿将她与亲生母亲做了不那么美好的对比，自此，家庭的天平开始倾斜。弟弟成了宠儿，而大女儿则如履薄冰，生活在无尽的恐惧之中，时刻提防着突如其来的怒斥与不公。

莉娜·普拉特，这位内心深处藏着不为人知辛酸的女子，曾向挚友倾诉过她那段不平等婚姻的苦楚，以及她内心深处对"灵魂伴侣"的渴望。冬日里，休斯敦的合唱团带来了一丝生机，年轻而风流的指挥家几番恭维，让她以为找到了生命中的另一半。春去夏来，指挥家的身影渐行渐远，这份短暂的欢愉也如梦初醒。而不久之后，新来的牧师一句不经意的夸赞："没有她，我真不知道教堂该如何运转。"几乎酿成了一场风波。一些教友对她的过分热情与虔诚提出了质疑。

莉娜并非本性恶劣，只是内心渴望生活的刺激，她的生命仿佛一部未完待续的剧本，每一页都写满了新的规划。任何人的关注都能令她心花怒放，尤其是那些社会名流的青睐，更是让她如沐春风。然而，牧师事件之后，家庭的氛围降至冰点，最终，她同意让丈夫请来另外一位医生。这位医生温文尔雅，尽管他并不自诩能够彻底洞察她的病情，但他的治疗却如春风化雨，让她足足一年没有遭受病痛的折磨。从此莉娜频繁造访医生的诊所，无节制地占用他的时间，直到有一天，医生故意让其他病人涌入，将她晾在等待室，这段医患情缘才戛然而止。家中的气氛再度凝重，接着是新一轮的寻医问药，每一次病情的缓解都伴随着对新医生的过度依赖，直至她几乎遍访了休斯敦所有备受推崇的医学专家。

与此同时，普拉特家的财富因一时冲动的奢华消费而大打折扣。当一位熟人从圣路易斯归来，带着那里专治疑难杂症的名医妙手回春的喜讯，这位境遇堪忧的医生只得忍痛割爱，用他的保险作为担保，为她争取到了与这位声名远播的医学大师接触的机会。北上求医，对全家人而言无疑是一场艰苦的抉择。显而易见，她渴望重获健康，而治疗的序幕在一片吉祥如意中拉开帷幕。经过一系列细致入微、专业严谨的诊断，她得到了一份承诺——只要她全力以赴配合治疗，半年之内，她便能摆脱病魔，重拾往日的活力。她的丈夫恳切地对医生说："请您务必多多关照她，因为对于喜欢的人，她愿意做任何事情。"治疗过程全面且深入，从根源着手，最初的几周里，她对治疗手法的精湛及专属护士的悉心照料赞不绝口，护士成了她心中的另一个"贴心挚友"，她毫无保留地向她倾诉所有心事。而对那位新来的医生的敬重，让她愈发忠诚。她错误地解读了他的善意，以为或许通过肢体的接近，能够激起他更多的人文关怀。于是，在一个冲动的瞬间，她扑向了他，医生机敏地闪身避开了。这一幕，无论是身体上的接触还是情感上的投射，都令她陷入了一种难以言喻的尴尬。医生并未多做停留，迅速唤来护士，随后悄然离去。稍后，他又折返，这次，他尝试着用最温柔的方式触碰她内心深处的女人情怀。他细细分析了她的病症，向她展示了疾病是如何侵蚀她的性格，又是如何波及身边的人。他揭示了她沉溺于冲动欲念的深渊，如何一步步引致了精神的堕落。他告诉她，要想重拾健康的生活，唯一的出路就是彻底抛弃虚假的自我，让心灵经历一场真正的净化与升华。

就在同一天，一封急迫的电报如同晴天霹雳，要求普拉特医生即刻将她接回。当普拉特医生风尘仆仆地赶到医院，他仅与那位专科医生进行了短暂的会面，后者以极其精炼的语言，将问题的核心毫无保留地剖析给了他。在那一刻，普拉特医生对妻子病痛的真实性产生了一丝动摇，但这动摇只持续了几秒，随即消失无踪。因为当她开始讲述自己所受的不公正对待，控诉那位"野蛮"的医生如何侵犯了她，如何质疑她的人格，甚至用从未有人敢使用的激烈言语与她交谈时，普拉特医生心中的信念、怜悯与愤慨顿时融为一体，化作一股坚定的力量。她踏上了首班归途的列车，却在豪华的卧铺车厢内再度遭遇病魔的侵袭。这是一次身心的崩溃，丈夫默默思索，定是连日的劳顿与内心深处的伤痛共同酿成的恶果。"纯粹的神经衰弱。"这是乘务员给出的专业诊断。一场恰到好处的疾病，足以让她成为众人瞩目的焦点，收获无数怜悯的目光，宛如甜香的糖蜜，抚慰她那受创的灵魂——并且，这足以确保她获得梦寐以求的私人休息室！

然而，她却在归途中，放弃了唯一可能得到科学指导、学会如何正确生活的宝贵机会。她曾经奢华的家，一个温馨的港湾，却在岁月的侵蚀下变得杂乱无章，愈发凸显其破败。

试问，又有谁能够衡量这位女士因神经紧张所付出的代价？50年以来，她拥有的只有一副瘦骨嶙峋、营养不良的身躯，饱受虚弱与痛苦的折磨。每当奋力一搏，除了激情燃烧的瞬间，等待她的唯有快速的疲惫与衰竭。面对欲望，她丧失了理性的判断。她的丈夫，成为她的奴隶，仅为满足她的需求而存在。对她而言，最好的自己只留给那些能够吸引她的人，而最糟糕的一面，则毫不留情地抛向了那些触怒她的人。溺爱让一个孩子的人生蒙上了阴影，不公则使另一个孩子的命运遭受扭曲。她已然深陷道德的泥潭，对于任何与她意愿相悖的事实，视而不见，听而不闻。回首往昔，纵然她的一生充满了各式各样的活动，却未曾留下任何积极正面的建设性成果；她所触及的一切，无一幸免于她的破坏。莉娜·普拉特，一个任性妄为、娇生惯养、自私自利且情绪化的歇斯底里者！

Chapter 04

第四章｜放纵生活的后果

阳光穿透九月的天空，将得克萨斯州唐纳德斯维尔的大地烙得滚烫。这是一个热浪滚滚的午后，仿佛一切静物都在呼吸间闪烁着蒸腾的热气。主街，这条长达半英里的大道，两头被未加粉饰的"木箱屋"簇拥，向西延展至杂草丛生的街区。而近火车站处，一座崭新的三层红砖酒店傲然挺立，它是这座小镇的荣耀，甚至比县治的法院大楼还要壮观。主街两侧，一排排一两层的砖石商铺依序而建，前檐伸出木质遮阳篷，覆盖着宽敞的木板人行道。这些遮阳篷旁，是长长的拴马架，每逢周六，便会被小马和骡子占据。主街东侧的高地遍布着唐纳德斯维尔镇舒适宜人的住宅，而这一区域的最高点便是品质山。在这里，两位银行家和一群精心挑选的富裕庄园主过着一种如同贵族般的生活。在这样一个特殊的午后，小镇的商业主街显得异常空旷。在阴凉侧，几匹得克萨斯小马耷拉着脑袋，耳朵软软地垂着，连飞舞的苍蝇都因酷热而疏于骚扰。散落在街头的男人们，三三两两懒散地倚靠着，仿佛连空气都因高达42摄氏度的高温而凝固，整个小镇笼罩在一片慵懒之中。

　　唐纳斯维尔从不曾沉寂——这里虽有汗水，却依旧洋溢着生机与活力。欢声笑语不时从主街上传来，喧闹而又清新脱俗，仿佛一阵阵亲切而略带感染力的微风，在街区间轻轻荡漾，甚至传遍了最偏远的角落。每当这些笑声响起，总有一些郊区的居民骄傲地辨认出："那是达尔的吉姆医生在笑。"吉姆医生的笑声已成为唐纳斯维尔一道独特的风景线。他虽然住在离主街约1英里远的地方，但他的朋友们都说，他们时常能听到他的笑声，因为几乎每个人都是吉姆医生的朋友。在这个南北战争后的得克萨斯州南部，再也找不到比他更亲切、更慷慨的绅士了。他就像一口深不见底的井，蕴含着无限的善意、幽默以及精彩的故事。无论来者是谁，他都能立刻与之相熟，在他看来，世上没有陌生人，只有未曾谋面的朋友。

当我们握住他伸出的手时，那份热烈和友好仿佛传递到了脚跟。他的深蓝色眼睛闪烁着笑意；那一头未经梳理的灰白头发自然地垂落在学者般的额头上，但露出的肌肤却红润得像运动员一样。一件宽松的白色亚麻衫敞开着，露出了他强健有力的灰白胸膛。宽大的亚麻裤和那顶用来当扇子的大棕榈纤维帽都表达了对酷热天气的尊重。吉姆·麦克唐纳医生穿着袜子，身高6英尺，体重180磅[1]，即便身着休闲装，他依然保持着挺拔的姿态，展现出一位65岁老人难得的阳刚之气。即便是棉花采摘季节的周六下午，如果没有听到他响亮的笑声，主街也会显得格外寂静；但除非是像葬礼这样的庄重场合，否则他绝不会离开位于街道阴凉处中央、威尔医生药房前的长椅。威尔医生是吉姆医生的兄弟，深受黑人社区尊敬，被誉为

1　1英尺等于0.3048米，1磅等于453.59克。

"真正的医生"。

吉姆医生的日子过得既舒适又不乏味，他享受着一种别样的宁静。他在该地区的环形交叉路口建造了第一座风车，也是县里最先拥有真正浴缸的家庭。早在唐纳德斯维尔建设出真正的自来水系统之前，吉姆医生的风车就已经从深深的自流井中汲取水源，源源不断地填满他那高耸在支架上的巨大蓄水池。每天清晨，他都会在大浴缸中尽情沐浴，用清凉的水唤醒一天的活力。他乐此不疲地宣称，有了这样的晨浴习惯加上适量的优质威士忌，他定能活到百岁高龄。每当此时，主街上的行人都会停下脚步，聆听他那浑厚胸腔发出的慷慨笑声，仿佛能感受到他内心的喜悦与满足。一日三餐，由跟随他们一家从战后密西西比州迁来的老厨娘苏阿姨亲自掌勺。吉姆医生每顿饭都吃得津津有味，食欲从未减弱，消化系统从未出过问题。每周中的两天，他会悠然地驾车前往他那广阔的特里尼蒂河畔种植园，那是一片占地两千英亩的肥沃土地，他是60户黑人家庭深受爱戴的大领主。当棉花价格高企时，这片富饶的河岸农场为他带来了滚滚财源，以至于吉姆医生总是在一阵豪爽的笑声中说，他很幸运有那对"调皮的双胞胎可以帮着他挥霍部分财富"。每周他都会定期出席一次共济会的聚会，每天他都会在品质山上那座宽敞舒适的家中与威尔医生的办公室之间来回穿梭，这段半英里的路程成了他日常生活的一部分。

他在神职人员面前，讲述往事时总是表现得相当克制。但每当他宣布"我的妻子已经承载了我们俩的全部信仰"时，会引起一阵轻松愉快的笑声。然而，他低调的慈善行为实际上透露出，镇上每一座教堂建筑的五分之一都是由他的捐赠建造而成；事实上，他以超出圣经规定的十分之一的比例行善，这成了他引以为豪的行事准则。

吉姆医生的慷慨大方很少挂在嘴边，但他有一项引以为傲的事迹，却是他每日必谈的话题，那就是他对威士忌的热爱。日升日落，年复一年，整整一升上等的肯塔基波本威士忌，是他不变的"伴侣"！"我喝过的威士忌足以让一艘巨轮浮起，而且是艘大得惊人的巨轮。看看我吧！在哪儿还能找到一个像我这样健康硬朗的65岁老人？自战争结束后，我连生病都不知道是什么滋味。如果喝酒的方法正确，配上足够的清水和丰富的食物，它不会伤害任何人。"这便是吉姆医生的律法和福音；他从不吝啬向脸色苍白的年轻人或是体弱多病的人群宣扬这一真理；而最终，唯有末日审判的记录册才能揭示时光借由吉姆医生在路易斯安那州的影响力所收割的破坏与毁灭。然而，令人诧异的是，吉姆医生的原则与行动却是从不给予他人任何治疗。他声称自己从未主动向任何一个灵魂提供过社交性质的酒精饮品。

"正确地喝酒，它不会伤害任何人！"但这真的毫无害处吗？

吉姆医生与他的两位兄弟在密西西比州的一片种植园度过了他们的童年时光。父亲一心期望孩子们能够受到良好的教育。其中两人在新奥尔良攻读了医学学位。吉姆医生渴望见识更广阔的世界，他的确也做到了：通过一段为期两年的航行，在为期两年的环绕非洲之角到东印度群岛和中国的巡航中，他见证了世界的多样与辽阔。当他35岁那年步入婚姻殿堂时，正值1860年。随后，他作为外科医生——他自嘲为"相当不合格的军医"——服务于一支密西西比的军队，历经了四年残酷的南北战争。他与两位兄弟共同经历了这场历史的风暴，当他们返回故土，却发现父亲已离世，昔日的奴隶四散各地，而那片曾经辉煌的种植园，如今只剩一片荒芜。于是，三兄弟携家带口，踏上迁徙之旅，来到了得克萨斯州——那时的"希望之地"！以区区每英亩25美分的价格，他们购得了河岸低地。而今，这些土地的价值已无可估量，过去的一切损失在随后的繁荣岁月中迅速被遗忘。

麦克唐纳夫人，这位在战争阴霾下绽放的南方玫瑰，她坚毅、满怀希望、从不抱怨，代表了战争黑暗年代在许多南方女性身上展现出的高尚品格。在战争的四年分离中，她独自面对一切，而后告别了熟悉的故乡，毅然决然地踏上前往西南部的旅程，决心在新的土地上重绘生活的篇章。她拥有着强健的体魄，深谙持家之道，性格温婉，内心充满无尽的慈爱。她经历了艰难困苦、物资匮乏与物质丰盈，却始终不曾被病痛侵扰。她的子女们承袭了她那坚韧的基因，贫困的日子已成为过往，他们未曾体验过生活的匮乏。麦家共育有八名子女，从1870年诞生的伊迪丝，到1885年的弗兰克，其中包括一对孪生子。

那么，饮酒真的一点伤害也没有吗？

伊迪丝渐渐长成一位纤细而内敛的少女，她那乌黑的长发与苍白的面容形成鲜明对比。她性格文静，热爱阅读，对户外活动兴趣寥寥，极少加入其他孩童的游戏。后来，她的父亲坚持让她学习骑马，她也因此成为一名颇为娴熟的女骑手。伊迪丝在人际交往中处处彰显着教养。17岁那年，她前往新奥尔良求学。次年春天，她开始遭受剧烈咳嗽的折磨，偶有轻微咳血。但到了20岁时，她的状况有所改善，嫁给了一个优秀的年轻商人。22岁那年，她诞下一个孩子。然而，仅仅三周之后，这位年轻的母亲便不幸离世，留下一个病弱而营养不良的小生命，尽管医疗技术和精心照料让这个幼小的生命顽强地挣扎了18个月，最终还是未能摆脱夭折的命运。

麦家的长子，不出意外地被冠以"小詹姆斯"的名字，但出乎意料的是，他从未被唤作"吉姆"。然而，这个名字似乎与他的人生轨迹并不相符。他成长的步伐缓慢，直到3岁多才蹒跚学步，5岁时说话依旧含糊不清；他时常遭受抽搐和破坏性行为的困扰；他的动作笨拙，因此家人决定时刻安排人陪伴在他左右。即便在如此细致的呵护下，他还是不慎跌入了正在沸腾的洗衣锅中，遭受了严重的烫伤，视力也受到了严重影响。两年后，小詹姆斯在一次抽搐中，不幸地离开了这个世界。

梅布尔，她就像是家族花园中最绚烂的花朵，她的少女时代充满了无尽的爱与被爱。她继承了父亲的金发碧眼，虽然体格不像父母那样健壮，但在理想与性格上，她无疑是母亲的翻版。她在一所培养淑女的学校完成了学业，不仅拥有音乐才华，还散发着独特的魅力。不久，她步入婚姻的殿堂，建立了一个幸福的家庭——一个与众不同的家庭，直到第一个孩子的到来。从那以后，健康成了她生命中一场无休止的战斗，家族遗传的阴霾如同厚重的乌云，一次次遮蔽住她心中刚刚燃起的希望。尽管她经历了无数次手术，辗转于疗养院、健康度假村，求助于各类专家，但健康却始终未能如愿恢复。如今，她是一位患有神经衰弱的母亲，养育着两个同样神经质的孩子。曾经那个充满欢声笑语的家，早已失去了往日的幸福，在生育的重负和消耗下，母亲那微薄的生命活力也被逐渐榨干。

以两位叔叔的名字命名的威尔和约翰的历史，如果将其编纂成书，定会成为许多人茶余饭后的谈资。这对"双胞胎"在很多年前就是父亲讲述无数生动故事的灵感源泉。从他们呱呱坠地的那一刻起，他们就是"两个淘气的小鬼"。他们都拥有活跃的思维——或许说是过于活跃，总能想出各种恶作剧的点子。尽管他们是那么的顽皮，却从未受到过真正的惩罚。父亲几乎没有管教过他们，姐姐、家里的仆人以及种植园的工人们宠溺着他们，这令其他男孩既畏惧又羡慕。似乎没有任何来自那位虔诚、痛苦、祈祷的母亲的正面影响能触及他们的心灵。10岁的时候，他们已经成为唐纳德斯维尔镇上的"名人"，除非能当场抓住其他罪魁祸首，否则所有的恶作剧和玩笑都被归咎于他们。将你对"顽童"的想象翻倍，你就能理解12岁的威尔；再翻一番，你就能勾勒出约翰的模样。他们拥有一个特质——那就是无论他们做了什么坏事，从不对吉姆医生说谎。他们本可以像真正的士兵一样说谎，但却从不会对他隐瞒真相，即使是最不堪的实情。随着岁月的流逝，他们无数次地把手伸进了老医生的口袋，掏走了大笔的金钱。但吉姆医生总是乐呵呵地支付账单，并且每当与他在主街的老友们相聚时，都会发出响亮的笑声，仿佛是在追逐那些迅速消失的钞票。这两个孩子配合默契，彼此巧妙地保护着对方。然而，13岁之后，他们被就读过的每一所学校开除。一所以擅长处理问题学生而著称的军事学院发现，他们的野性已经无法驯服，只能让他们回家。或许，出于某种只有他们自己知道的原因，他们对"老爹"还算坦诚，但到了20岁，他们已经变成了一对彻头彻尾的硬汉，不仅行事鲁莽，而且在作恶时冷酷甚至残忍。

威尔是第一个感受到放纵生活带来的后果的。他22岁那年，一阵阵咳嗽终于让他意识到生活的警钟。于是，在约翰的陪伴下，他先是前往丹佛，然后又转战新墨西哥州。医生的嘱咐对他们来说像是枷锁。对这两个年轻人而言，威士忌与纸牌成了他们唯一的慰藉，他们试图效仿父亲，用肯塔基的波本威士忌（他们眼中的"至尊佳酿"）来铸就强壮的体魄。突然间，约翰再也不能和兄弟把酒言欢了。尽管医院诊断为"急性肾炎"，而实际上，他在戒断症状引发的震颤性谵妄中咽下了气。威尔太过虚弱，无法陪同哥哥的遗体一同返乡。没有了约翰，他感到前所未有的孤独、焦虑和痛苦，但有几周的时间，他还是让医生看到了一丝希望，表现得颇为配合。然而，这种状态并未维持多久。一年之内，结核病和波本威士忌联手，夺走了他与哥哥的性命。

梅是一位充满希望的女孩，邻居们形容她"几乎像个假小子"。她骑马不用马鞍，玩着男孩子们的游戏，12岁时，她看上去健康活泼，仿佛健康问题永远都不会困扰她快乐的青春。但就在16岁那年，咳嗽和咯血这对死亡使者悄然而至，可怜的孩子在短短一年内就消瘦下去，最终离开了人世。

安妮贝尔是最小的女孩，性格安静，心思细腻。有人认为她有点迟钝，但似乎更准确的说法是，她早早地感知到了自己的命运何去何从。还是个小姑娘时，她就被送往医疗资源集中的圣安东尼奥，并由顶尖喉科专家进行了手术。在梅去世后，她每个夏天都会去山区，但她还是变得越来越瘦弱。最终，结核病夺走了她年轻的生命。

最小的儿子弗兰克则与众不同，他显得格外机灵且充满活力。弗兰克勤奋好学，成绩优异，在一群男孩子中脱颖而出。无论从体格还是智力上看，他都是家族希望与传承的象征——然而，他却成了父亲心中唯一的痛。弗兰克不仅经常说谎，甚至有时还会偷东西。对于本可以光明正大获得的财富，他却偏爱使用狡诈的手段来取得。吉姆医生对儿子这种不诚实的行为深恶痛绝，因此父子间常常发生争执，弗兰克也会因此离家出走数月之久。弗兰克利用自己的聪明才智，竟然成了一名技艺高超的赌徒。然而，在他不到30岁的时候，不幸在一个赌场中枪，这次事件很可能是因为他在牌桌上出老千而招致的报复。

我们目睹了一场场的悲剧，在酒精的阴影下，整整一代人的命运悄然沉沦。他们出生于富甲一方的家庭，父母未曾有意违背良心，孩子们在最优越的环境中成长，享受着一切舒适与健康成长的机会。然而，四人因早期感染及对结核病异常脆弱的抵抗力而显露出了体质上的弱点；一人生来便患有痴呆；还有一人直接因酗酒丧命；唯一活过童年并展现出卓越才华的女孩，在之后的20年里，却成为神经衰弱的囚徒，同时还养育着两个患有神经系统缺陷的孩子；至于那个体格最为健壮的成员，则是道德上最不堪的，最终因犯罪而走向末路。

　　吉姆医生的生活一如既往，只是那曾经响亮、充满感染力的笑声，如今音量减小，感染力也大不如前。他依旧对自己的健康感到自豪，并始终宣扬着"品威士忌佳酿，享人上人生活"的理念，却始终没有意识到自己在家庭悲剧中的角色。在他接近80岁那年，一场突发的中风彻底剥夺了他醒悟和悔过的机会。几年前，他还为相伴一生的妻子举办了葬礼，随后数月，他瘫痪在这座庞大而空旷的宅邸中，陷入了痴呆状态，全靠一对忠诚的黑人夫妇细心照料。每年两次，当梅布尔前来探望时，他几乎已无法认出她，但那句"威士忌不会伤害任何人"的话，却深深地烙印在他的记忆之中，永远不曾淡忘。

Chapter 05

第五章｜被黑暗笼罩的心智

他并非世人所熟知的劳伦斯·亚当斯·阿博特，但其姓氏却是美国最早的显赫家族之一的标志。他是少数几个坐拥三代积累之巨富的人之一，承载着祖辈的荣光与期许。

　　故事发生在一个初夏的午后，毕业于康奈尔医学院的医学精英阿博特博士静静地站立在纽约中央车站的出口。尽管他与周围熙攘的人群保持着距离，却依然成为众人瞩目的焦点。他的面容似乎停留在30岁的模样，实则已经36岁了。他的五官如同雕刻般精致，尤其是那坚毅的下巴，仿佛诉说着不凡的家族血统。一双蓝灰色的眼睛略显淡漠，这种独特的气质更增添了他与众不同的魅力。他的姿态显得慵懒却又不失风度，手中挂着一根手杖，棕色的胡须习惯性地微翘，透露出一种怡然自得的态度。他的穿着考究，面料独特，剪裁得体，完美契合了当时的时尚风潮。不过，敏锐的观察者会察觉到他眼眸深处隐藏的秘密。那双眼睛在人群中漫无目的地游移，瞳孔反应迟缓，流露出一丝令人捉摸不透的空洞。偶尔，他双唇微动，仿佛在默念着什么，身体也不时地轻微摇晃。这些迹象暗示着他可能不仅仅是心不在焉那么简单。

随着列车缓缓停靠，闸门徐徐打开，人群中的欢声笑语与重逢的喜悦交织成一片。在忙碌的怀抱孩子与提拿行李的场面中，一队身着红帽的搬运工穿梭其间，他们或引领或跟随，服务于那些身家丰厚的绅士与淑女。就在这时，一位容貌出众的女士步入了众人的视线，她一头柔顺的银丝映衬着成熟的容颜，一身华贵的装扮与对阿博特博士温柔的问候，立即将她与他紧密联系起来，母子情深跃然纸上。她刚刚乘坐哈德逊河上的船只归来，完成了她56载人生中少有的艰难使命。

时光悄无声息地滑过了两周之久。这间病房，除却两片孤零零的床垫、一团团杂乱无章的被褥，以及两位命运交织的男子，再无其他陈设。时光在这里似乎变得吝啬，只给予微薄的分秒，而那幽暗且刻意收敛的灯光，本意是想抚平一切棱角，却反而勾勒出一幅更为诡谲的画面。四周的木饰，简单得令人起疑，被一层沉闷的单色调珐琅所覆盖。窗户则被安全网守护着，像是一道无法逾越的界限。其中一人是看护，以一种秩序井然的姿态躺在自己的卧榻之上；而另一人则是一位身姿纤细、身着睡衣的男子，此刻正蜷缩于墙角，显得格外无助。他的头发散乱如秋风中的枯草，面容铁青，双眼的瞳孔扩张到了极限，干裂的嘴唇时而微启，吐露出的是断断续续、含混不清的话语，或是无意识的傻笑。他时而突然惊醒，目光闪烁，似乎又陷入了另一个世界，只有当看护小心翼翼地递上食物时，他才会暂时回过神来，接受这一份外界的关怀。然而，这份清醒转瞬即逝，几秒钟后，他又陷入了痛苦的深渊，身体扭曲，发出阵阵呻吟，仿佛在与看不见的敌人搏斗。但很快，这份痛苦也如同过眼云烟，他开始伸手去捕捉那些虚无缥缈、在空中飘荡的幻影。真实世界的安眠已远离他近三夜之久。他沉浸在一种人造的半昏迷状态中，这状态虽是人为，却意外地减轻了他因戒断吗啡而应承受的无尽煎熬。摆在不幸的阿博特医生面前的，是漫长且令人疲惫的康复之路，那是数不尽的肉体痛苦与心灵磨难。他若想要拥有一个值得珍惜的未来，就必须在数月的时间里，重新塑造自己的身体，教会他那柔弱如女子的身躯学会男子汉应有的坚韧；对他而言，还需要花费更多的时间，用于精神上的重建，将一个软弱者的意志转变成具有主宰力的坚强。然而，这一切的努力都将付诸东流，除非在一次道德觉醒的炽热光芒下，他性格中那些虚假的华丽表象被彻底焚毁。在未来的数月里，他必须舍弃奢侈、舒适的生活，这些原本是他母亲的财富所能慷慨提供的。但是，这些成长或许永远不会到来，因为不久之后，他将再次面临法律的约束，极有可能会抗拒和拒绝任何形式的建设性纪律，重归于那种奢华的生活——他的香烟，他的酒宴晚餐，他的烈酒，以及随之而来的"糟透了"的早晨，然后再次沉沦于吗啡的深渊，走向注定的堕落。那么，为什么会这样呢？我们必须将时间倒流33年，才能解开这背后的谜团。

多年前，在费城郊外的一片优雅庄园中，矗立着阿博特家族的华宅。我们在大中央车站偶遇的女士就是这座宅邸的年轻女主人。彼时，她风华正茂。这里不仅是物质丰饶的象征，更是品位与美学的圣殿，但在这份繁华背后，隐藏着一丝不易察觉的神经紧张。这份紧张，并非寻常意义上的喧闹杂乱，而是一种被精心掩饰的内心波动。所有的生活节奏，甚至空气中的每一缕波动，都紧密地围绕着小劳伦斯——家族中的唯一继承人，他正沐浴在3岁孩童独有的纯真与欢愉之中。这位含着金汤匙出生的少爷，搅动着整个家的平静。过度的关注，似乎预示着每一个可能发生的不幸；精心安排的饮食，成了医生建议与父亲意愿之间难以调和的矛盾。在为劳伦斯挑选衣物时，或许能找到些许慰藉，至少在这个环节上，孩子的意见可以被忽略。然而，即便是这样，各种质地与款式的衣物仍需备齐，以满足卫生与社交的双重需求。母亲每日忧心忡忡，生怕孩子的游戏和玩伴带来任何潜在的危险。她对仆人的选择近乎苛刻，仿佛每一次决策都会影响儿子的未来。无数个夜晚，她辗转反侧，试图在旅行的未知风险与家中酷暑寒冬的隐患之间找到平衡。频繁的城市往来，不仅是为了寻求专业意见，更是在一次次的咨询与反咨询中，陷入了无尽的犹豫与彷徨。岁月无情，她的容颜渐渐显露出由焦虑雕琢的痕迹，这一切皆因劳伦斯——她唯一的挚爱。

这是一个充满矛盾的家。父亲是一位康奈尔大学毕业的绅士，理性且富有责任感。他的理念坚定，偶尔定下的规矩，总能毫不费力地赢得儿子的尊重与服从。然而，繁重的商务缠身，使得父子间的亲密时光少之又少，无法在孩子心中播下坚强的种子。与此同时，母亲的过分溺爱，虽非有意为之，却如同一把双刃剑，抵消了父亲的正面影响。她对儿子的过度关注与放纵，是对孩子任性要求的无条件投降，这背后或许并无恶意，仅仅是遵循了自己成长的道路，而她自己，不也是少数几位有幸得到幸运女神眷顾的宠儿之一吗？

不幸的是，一次列车的悲惨事故带走了这位父亲，也带走了他的父爱。这位父亲原本能平衡掉他那位紧张兮兮的母亲对孩子过度保护的不良影响，如今这一切都烟消云散。事实上，母亲对孩子的影响现在变得更为深远。巨额的财产和生意掌控在她的手中，随着丈夫的悲惨离去，她对儿子的过度关爱有了更多的理由和空间。于是，一个好男人之子的命运，落入了一个过分溺爱的母亲手中。

家里的生活变得既奢华又拘谨。餐桌上堆砌着珍馐佳肴，名贵的葡萄酒和进口烈酒经常出现在调味品中。小男孩的房间更像是个玩具商店，摆满了各式各样的玩具，却大多未被触及，未被使用。在这孩子尚未懂得欣赏简单的快乐前，他已经失去了对平凡事物的喜爱。对于阿博特夫人而言，她总是追求"金钱能买到的最好的东西"，却不知这正是对儿子性格塑造最糟糕的选择。这是一个表面道德严谨的家庭。每个周日的教会活动都风雨无阻，捐款行善也从未间断，尽管这些往往只需要动动支票簿即可。这是一个充满伪善的无私之家。年复一年，儿子的每一个缺点都被她视而不见。劳伦斯从未从母亲那里感受到那种严格而直接、绝不纵容的关爱，那种能够培养出独立自主精神的关爱。

劳伦斯被送进了一所精心挑选的私立预备学校，随后，按照阿博特家族世代传承的传统，他踏入了康奈尔大学的门槛。他对商业毫无兴趣，反而结识了许多才智出众、风度翩翩的医生朋友；他享受着"医生"这一称谓带来的威严。因此，在完成两年的基础学业之后，他选择了进入医学院，最终顺利毕业。那些年，是他的黄金岁月。他本性并不邪恶，许多举动都充满正能量，大学兄弟会的生活更是激发了他的许多可贵品质。即便母亲百般忧虑、极力反对，他依然加入了田径队，表现优异，刻苦训练，在大四时披上母校的红白战袍，在跨栏比赛中荣获亚军。如果此后能够主导自己的命运，也许他的人生轨迹就能得以改写！

在他的大学岁月里，一位母亲的心始终被一种挥之不去的忧虑所缠绕，夜夜难眠。她的儿子，那位风度翩翩、才华横溢的青年，如同磁石一般吸引着世间所有美丽的女子。她担忧，一旦脱离了她的羽翼庇护，他或许会做出错误的选择，与一个并不匹配的灵魂结缘。于是，她施展了所有的智慧与策略，像一位外交官般精心布局，只为确保一位出身显赫、富甲一方的千金小姐能够成为她未来的儿媳妇。然而，天不遂人愿，追逐这位少爷的女子皆非等闲之辈，于是他便在才毕业不久后就匆匆走入了婚姻。他们规划了一场无与伦比的蜜月之旅，从加利福尼亚的阳光海岸，到太平洋上的神秘岛屿，再至古老东方的印度与尼罗河畔的埃及，最后，他们沿着欧洲的河流山川缓缓行进，享受着一整年的欢愉时光。然而，即便是最精心的计划，也难以抵挡两颗被宠溺长大的心灵间的摩擦。如同两个从未经历过风雨的温室花朵，他们在漫长的旅途中经历了无数次争执，归国后共筑爱巢的日子亦未能让他们找到和谐的旋律。当小生命降临，这份阴霾与乌云并未随之消散。他们未曾领悟人生幸福的第一课，当双方的需求无法同时满足时，小小的裂痕逐渐演变成了无法逾越的深渊。妻子在社交场中寻找家中缺失的温暖与关注，而丈夫则沉沦于酒精与放纵的生活，最终更是深陷可卡因与吗啡的泥潭，试图填补内心的空虚。这一切的不堪，最终导致了夫妻离婚。在双方的共识下，孩子的抚养权交到了父亲的母亲的手上，即今日的祖母，她正以当年对待自己儿子时同样过度的关怀，影响着孙子的命运。那种不健康的担忧，曾经剥夺了她亲生骨肉健康成长的权利，如今却在下一代身上重演。

我们在纽约相遇，彼时她刚抵达这座城市，为了给儿子安排治疗。即使是他那已被黑暗笼罩的心智，也能感受到救治的迫切。我们在此刻与他告别，他的未来充满了不确定性，除非命运之神将一个家族庞大的财富瞬间抽离，或是赐予他自我觉醒的奇迹，又或是更大的奇迹——让他在这位精神受创母亲的儿子身上，在他暮年之时实现迟来的重生与转变。

Chapter 06

第六章｜身心合一的安宁

"我知道克拉拉做的太妃糖黄油放得太多了。每次吃完都会让我头疼，但……那味道真是绝了！就算明知道第二天可能会要了我的命，我还是忍不住大快朵颐。"苍白的女孩挽着棕肤女孩的手臂，在校园小径上漫步，她的语气中透露出一种直率的感叹。

　　前一晚，克拉拉·丹尼在她的房间里举办了一次奢华的太妃糖盛宴。一如往常，她亲手熬制的美味佳肴虽然丰盛，却也影响了几位同学的睡眠、早餐和早课。她们称克拉拉为"丰满少女"，这样的称呼实至名归。16岁的她，体态成熟，健康活泼，脸颊红润，身材圆润，并不缺乏魅力。她无忧无虑，充满活力，且每周有10美元的零花钱，一切原则都是"为了好玩"。她是一个由二年级学生组成的团体的领导者。团体的每个成员都庄严宣誓，每周五晚上要相聚一小时，享受一顿丰盛的大餐。

　　克拉拉是佛罗里达人。她的父亲垄断了州首府的运输业务，从马车起步，如今经营着20辆货车，而且每年都能在房地产投资上获得稳定的收益。丹尼先生偶尔会露出爱尔兰口音，定期小酌一杯，食量惊人。这位健壮的男子一直是丹尼家中的生活领袖，直到他逐渐硬化的心血管开始出现问题。正是这种变化迫使克拉拉从大学辍学——先是陪伴，后来是护理。在最初因无力而感到尴尬和不适的时候，他依然亲切而令人同情。"亲爱的，再过几天，我们就能开车出去兜风，让你爸爸向那些新手展示如何处理生意。"但是，那些忙碌的日子没有到来，取而代之的是短暂的烦躁期。他想要女儿时刻待在身边，不在时就会变得急躁。他反对妻子的护理，后来甚至怀疑她在密谋阻止克拉拉陪伴他，常常对母女俩说出些莫名其妙的话。随着脑组织的缓慢退化，一切体面都消失殆尽。

克拉拉的哥哥承袭了父亲那份乐观的天性，却不曾继承其父的那份审慎。他也手握一笔"只为享乐"而存在的财富，而杰克逊维尔是一座开放而放纵的城市。因此，当父亲的不幸让他得以脱离家长的管束，"小杯烈酒"便升级成了豪饮。12年间，他沉溺于酒精，母亲为他祈祷，克拉拉为他流泪。幸运的是，后来，他找到了正确的人生道路，从此过上了理智而清白的生活。

克拉拉的姐姐在她求学期间步入了婚姻的殿堂，带着自己的小家庭定居在查尔斯顿。对她而言，"职责"在于经营家庭，但这份责任在杰克逊维尔家中遭遇困境时变得格外沉重。她坦诚地承认，自己对疾病过于紧张，以至于"根本无法应对"。即使在克拉拉深陷苦难之中时，她也未曾回来帮忙。屋漏偏逢连夜雨。因为母亲突然中风，克拉拉不得不同时照顾两位病人，还要面对时而醉酒的哥哥，这一切无情地消耗着她最宝贵的20年。母亲是一个理智的女人，而且效率极高。在她的教导下，克拉拉变得异常能干。现在，两位病人都躺在相邻的房间里。"他们随时可能离开人世"，医生这样说，当克拉拉独自一人在家照顾他们时，心中充满了病态的恐惧，她常常在打开房门前犹豫，害怕发现父母中的一位已经离世。最终，当流感和肺炎夺走了母亲的生命，而父亲的生命之烛也终于熄灭时，克拉拉正在外面接受治疗，无法回家。

克拉拉以时断时续的高效处理着家庭事务。当她突然被从太妃糖派对的无忧无虑中叫回，进入父亲的病房，看到他如此虚弱地坐在病人的椅子上，她的呼吸出了问题。空气无法进入她的肺部，她的喉咙里有一种窒息感，她倒在了床上。似乎需要嗅盐和白兰地才能让她恢复过来。之后，她说自己并没有失去意识，她知道发生的一切，但却感觉到一种窒息般的压迫。在父亲第一次出现异常发作后，她经历了一系列的寒战，母亲当然认为这是疟疾；但大量服用奎宁并未奏效。随着母亲突然中风，其他令人困扰的内脏症状也出现了。经过手术和在北方一家医院的一个月休养后，情况得到了相对缓解。但她的神经症状最终变得尖锐起来，就在她父母去世的那个春天和初夏，她在一个疗养院接受静养疗法。

在这段时期，她与一位女医生结下了不解之缘。随着几个月的交往，这位医生逐渐洞察了克拉拉生活的全貌，并鼓励她进入一所学府培训。在学业与实践的领域，她展露出非凡的能力与效率，智慧的光芒时隐时现。然而，她的心却悄然为一位年轻的同学所俘虏——那是对女性而言，比任何东西都更为渴求的爱情。不幸的是，命运再次对她开了残酷的玩笑，她无意间听到那位曾让她心动的人对密友吐露心声："克拉拉·丹尼的吻令我作呕。"这无疑是另一次沉重的打击，随之而来的，是旧疾的复发——那些曾一度消退的颤抖、寒意与内里的翻腾，如今如影随形。她迅速地失去了往昔的活力，成为需要照料的负担。学校的医生不得不将她送往千里之外，寻求更专业的医疗援助。

我们初识克拉拉·丹尼时，她正是一位活泼灵动，非常迷人的少女。让我们再细观她36岁时的容颜，那是一幅惊世骇俗的变形记！她体态臃肿，重达173磅，身高却只有5英尺4英寸；她的面容不再精致，而是变得松垮无光；一双眼眸异常微小；皮肤泛着蜡黄，仿佛蒙上一层泥泞；双下巴颤巍巍地垂挂，唯有那浓黑的眉毛，勉强勾勒出20年前"俏丽佳人"的影子。她的双手圆润，身材软绵无力，整个人散发出一种不健康的气息。专家在检查后发现，她的内在状况正如外表般令人忧心。虽无严重的器质性病变，但关键器官的功能已然衰弱。她终日被瘫痪的恐惧所困扰，情感与理智交织成一片混沌。最初在病榻旁父亲身边发作的症状，如今已成日常。她自己以及周围的所有人，都无法预测她何时会突然崩溃。她认为自己的大脑受到影响的另一个证据，便是日益频繁的头痛。多年来，她无法离开眼镜阅读或学习，因为每一次尝试都会引发脑后的剧痛。而那副她视为珍宝的眼镜，在专业检测下，竟然只是接近透明的普通玻璃，其矫正效果微乎其微——事实上，她的视力远超常人标准。

由于她的生活曾长期被病榻占据，依赖着热腾腾的咖啡与热水袋来抵抗那仿佛穿透骨髓的寒战，每当虚弱至极，这些便是唯一的温暖来源。她对美食的渴望从不曾消减，自幼便偏爱丰盛的肉食，餐桌上至少有两种肉类，且咖啡是必不可少的，一杯不够，时常再来一杯，她所钟爱的正是那种纯粹到极致的"滴滤黑咖啡"。即便牙医多次光顾，她对甜食的热爱依旧如故。她热爱美食，不仅是味蕾上的享受，更是心灵的慰藉，她要求的不仅仅是品质，还有分量。而多年来，克拉拉从未体验过身心合一的安宁。随着岁月流逝，任何微不足道的不适都能轻易触动她脆弱的神经，引发一场精神上的风暴。她是一位学识丰富的女性，在许多话题上都能侃侃而谈，倘若不是疾病缠身，她本可以成为更加快乐有趣的人。然而，当医生深入挖掘她灵魂的深处时，却发现那里宛如泥潭，充满了矛盾与挣扎。她对那位曾让她独自承担父母疾病和兄弟酗酒重担的姐姐，心中满是怨愤，姐姐却只顾自己与家庭，无视她的艰辛。更甚者，对父亲，她怀揣着一种沉闷的仇恨，这份情感源于父亲晚年痴呆的可憎时光，尽管那时的他已经无力改变什么。她内心深处燃烧着不满，抗议自己为何要牺牲正常的少女生活，以及随之而来的乐趣与机遇，却被束缚在父亲身旁，忍受着无尽的煎熬。

治疗的过程始于对她道德、心理与生理需求的深刻洞察。经过7个月的高强度生活方式调整，她走上了正确的道路。其中最大的挑战莫过于要她控制过度进食的习惯。虽然她对美食的热爱被暂时搁置，但在实践中，欲望和习惯的力量似乎难以撼动。每当她想起那些"美味佳肴"，决心就会受到考验，她会时不时偏离医院为她定制的严格饮食计划。然而，在生活的方方面面，她都获得了帮助和支持。皮肤逐渐变得清透，脸颊恢复了健康的红润；她成功减重25磅，几周过去，再无发病或寒战的迹象。她仿佛重获青春。通过对多年来牺牲背后的意义进行深入理解，即便这种理解并未触动她的情感，却也赢得了她的理智认同。如今，她以一个全新面貌回到了培训学校。

丹尼小姐接受了关于健康生活方式的全方位指导，这对她来说至关重要。她从未有过如此大的成就；生活充满了前所未有的希望，而这都是她个人努力的结果。她通过自己的努力获得了舒适，似乎彻底摆脱了以往的精神困扰。成功的未来仿佛触手可及。然而，她最终放弃了自律。

她感到前所未有的愉悦。为什么不能像其他人一样享受生活呢？当然，偶尔享用她"心爱"的食物应该没问题。那不过是小小的诱惑——比如一些排骨、一杯真正的咖啡、几块餐后薄荷糖。尽管医生禁止了所有这些，但她心想"偶尔一次不会有事"。虽然内心有些许不安，但日子一天天过去，她没有发病，没有寒战，也没有头痛。"这并没有伤害到我"成了她的得意结论；她一再尝试，每次都平安无事。随后，她开始每天喝咖啡，不久便开始毫无节制地吃甜食和肉类；她甚至依赖咖啡来提神。即使出现了晕厥的迹象，她也视而不见。常规和规定早已被抛之脑后，现在，她不得不请假休息。她没有返回工作岗位，而是用一系列借口自欺欺人。不到一年，病态毒素便占据了上风，她开始依赖葡萄酒，后来更是转向了更烈性的酒精饮料。

40岁时，克拉拉·丹尼正走在一条放纵的道路上，这条路只会让她的人生跌入更深的谷底。

Chapter 07

第七章│惰性的深渊

半个多世纪以前，斯通利一家向西迁移，最终定居在了温泉小镇。不久前，斯通利太太继承了一笔几千美元的遗产，她将这笔财富投资于城郊的房产。斯通利先生身材魁梧，是来自英国的第二代移民，他活力十足，有点神经质。他勤勉、实际、节俭，且心思专注，这些品质足以弥补他并不圆滑世故的一面。他白手起家，很快便在房地产行业发家致富。斯通利先生胃口奇佳，他的饮食虽然简单，却追求上乘的品质与丰富的口感。顶级的烤牛肉、炸土豆、松软的华夫饼和煎饼，为他带来了热量和活力，也大大地增加了他的体重。58岁那年，因为突发脑溢血，他再也无法享受这些美食了。他的体重定格在了195磅。

　　斯通利太太兼有爱尔兰和英格兰血统，她的家庭极为节俭，以至于她只接受了普通学校的教育。作为家中的独女，她勤劳的母亲让她选择了最轻松的生活道路。如果我们要追溯悲剧的起源，斯通利太太的母亲可能难辞其咎。选择最轻松的道路，往往意味着随遇而安，并且容易让人停留在舒适区。因此，斯通利太太从未工作过，她是丈夫的忠实伴侣，像他一样日渐肥胖，从中年开始，她的体重就超过了180磅。她是一个虔诚的信徒，周日的礼拜从不缺席。

斯通利太太面临的唯一真正考验是她第一个孩子亨利的出生。当时，她病得很重，遭受了极大的痛苦。母性的本能使她将全部的爱倾注在这个男孩身上。三年后，约翰降生了，成了哥哥亨利的小跟班。约翰没有接受完整、正规的教育，在高中一年级就辍学了，但他精力充沛，通过为亨利服务学会了如何工作。20岁那年，他结婚了，离开了家庭，去附近的大都市开始自己的生活，成为一名成功的煤炭商人。

小亨利·斯通利让任何一位母亲都会感到无比自豪。他集所有完美婴儿的特质于一身，成长为一个体格健硕、容貌俊朗的少年。他的性情让邻里的妈妈们都投来了羡慕的目光。他心智敏锐，情感丰富，反应速度甚至远超同龄人。小亨利自小便沐浴在母亲的溺爱之下，始终比弟弟更受偏爱，因此他从未真正领悟到责任二字的分量。他的生活里从来就没有过所谓规矩的概念，对他来说，秩序不过是母亲和约翰默默努力下的自然结果。斯通利家的宅邸庞大而壮观，堪称当地的一座宫殿，然而亨利的房间却常年杂乱无章，一片狼藉。从他呱呱坠地的那一刻起，亨利就未曾被教导过最基本的责任意识。然而，他的童年并不乏味，反而充满了魅力。他继承了家族充沛的生命力，被母亲的关爱和家族的财富所呵护，远离了生活的不堪和艰难。他拥有惊人的记忆力，不仅继承了出色的体魄，还有着过目不忘的记忆力，这让他的早期学习变得轻松愉快。事实上，他对学校的许多课程都抱有浓厚的兴趣，成绩优异。对于理想的大学，他并未深思熟虑过。最终，他踏入了西部一所享有盛誉的男子学院。

很快，他的一些随性的习惯和做派遭到了无情的冲击，影响了他的人际交往。相貌出众、高大健壮的他，本应成为学院橄榄球队的灵魂人物，却鲜有在橄榄球场上挥洒汗水的记录。他的校园生活充斥着丰盛的聚餐，凭借慷慨的经济实力和随和的性格，他赢得了广泛的人气。同时，喜爱阅读的他，凭借着超强的记忆力，使他成为知识渊博的佼佼者。然而，这所学院的期末考试，需要学生付出额外的努力，但亨利并未展现出这样的决心。最终，他没有拿到毕业证书便回到了家中。这次失败的经历让他决定放弃大学的梦想。于是，他又沉醉于家庭的宠爱中，度过了一段无忧无虑的日子。父亲的商业帝国对他而言毫无吸引力。一位年轻医生讲述了自己的医学院生活，他深受吸引，在母亲的鼓励下，他决定投身于医学的学习。

在那个时代，在少数院校只需两年学习即可获得医学学位。亨利选择了位于田纳西州的一所学院，这所学院以颁发文凭宽松而闻名——如今，它早已消失在历史的尘埃中。在那里，亨利度过了三年优哉游哉的时光，摇身一变成了"斯通利大夫"。25岁的他，体重飙升至240磅。他返回家中，再次沉浸于安逸的生活中。他并未着手开设诊所，也从未真正踏入过医生的职业生涯。在接下来的五年里，他每天睡到下午两点才缓缓起床，母亲会贴心地将早餐和午餐送到他的卧室。而他的傍晚与夜晚，则在酒店大堂与台球室中度过。那里的常客亲切地欢迎着"斯通利大夫"。他以一些小恩小惠在邻里间广受欢迎，到了30岁，他已经在当地拥有了一定的名声，尤其是以他那妙趣横生的荤段子著称——他的记忆力和天生的社交才能在此得到了淋漓尽致的展现。此时，"斯通利大夫"的体重已达到285磅，他食量惊人，却从不锻炼。

12岁那年，他开始抽起了香烟；到了20岁，他已是烟不离手。斯通利一家都有饮酒的习惯，但奇怪的是，亨利对酒精一直不感兴趣。然而，30岁那年，他的行为开始变得异常，人们普遍猜测他开始酗酒——他频繁夜不归宿，人们常常在清晨发现他昏睡在自家的台球桌上。为了应对这种情况，他们特意为他准备了一个房间，好让他可以在那里小憩。他还迷恋上了小型步枪，在私人空间里收集了超过二十把不同款式的枪械。夜晚，他都会在巷弄间游荡，对着老鼠和流浪猫射击。他经常会在半夜突然惊醒，抓起手边的枪，朝着想象中的目标胡乱射击，这让周围的邻居感到极度不安。有一晚，他突然从家中冲出，沿着街道狂奔，胡乱射击，社区陷入了一片混乱。面对他的疯狂行为，没有一个警察敢轻易上前制止，而在赶来的六名警员中，有两人在将他安全控制住之前，已经陷入了深深的思考，将他的行为归咎于"醉酒"。为了维护斯通利家族的社会地位和声誉，这件事情最终被低调处理。

随着对亨利的担忧日益加深，母亲的神情中开始掺杂了恐惧，她无条件地满足他所有财务上的要求。尽管表面上没有再出现过激的行为，但他的行为明显变得愈发不负责任。终于，各方势力共同努力，说服了他的母亲，同意将亨利送往外州的一所专业治疗机构。这一行动在家庭医生的协助下秘密执行，医生巧妙地使用药物，将这位不幸的"斯通利大夫"带入了一种平静而无力反抗的状态。他被送往一家医疗机构，参加了4个月可能是他不幸人生中唯一一次的健康训练。在那里，人们发现他长期大量服用可待因和可卡因，而当时的法律对这些物品的销售尚未有任何限制。他拥有非凡的身体素质，但他的放纵从未受到任何道德约束或自制力的牵制。正当他本应步入成熟男人的黄金时期，疗养院的工作人员在他被迫戒断药物的日子里发现，他的思想如同一片污秽不堪的沼泽；咒骂与恶语，肮脏而恶劣，成了他对抗每一分痛苦的武器。他连续数日咒骂着他的弟弟、医生和母亲，几乎一刻不停。然而，随着身体状况的逐步恢复，他的行为开始变得更为得体，随后，他天生的社交能力也回归了。

经过4个月的治疗，他的状况有了明显的改善，病情确实得到了控制。随后，他巧妙地劝说母亲，让她同意将他以类似"假释"的方式释放。他做出了一系列美好的承诺，包括在接下来的几个月里，会有一位看护人员全程陪伴。母亲出于对儿子康复的信心，同意了他的请求，前提是她拿到了他亲笔签署的承诺书，承诺一旦旧病复发，立即返回疗养院接受治疗。然而，这些承诺却成了他性格衰败的铁证，因为从一开始，他就没有丝毫遵守的打算。跨过州界，抵达第一个重要城市，他的行为举止便发生了翻天覆地的变化。脱离了法律的制约，他感受到了前所未有的自由。几句话的功夫，他就将看护人员抛诸脑后，独自踏上了与家相反方向的列车。接下来的数月，他放纵自我。凭借着医学知识，加之近期的教训，他巧妙地调整药物剂量，成功地避免了再次落入官方的法网。那位柔弱的母亲，从未拒绝过兑现他的任何开支。6个月后，一场严重的肺炎突如其来，迫使她匆忙赶来。等到他病情稍有好转，能够踏上旅途时，她带着他，回到了他曾誓言不再踏足的家门。十数载光阴荏苒，"斯通利大夫"与他的母亲相依为命，过着隐士般的生活，宛如被岁月遗忘的角落里，一个被吗啡侵蚀殆尽的残躯。偶有路人，在他们住所附近的公园瞥见他孤独的身影。那时，他数小时静坐无动于衷，抑或机械地用拐杖在沙地上勾勒出一个个无意义的图案，对周围的世界浑然不觉，衣着邋遢，面容憔悴，几乎让人不敢直视。即便如此，他依然狡黠地保持着违法获取吗啡的能力。然而，这不过是暂时的逍遥，税务部门的铁腕迟早会斩断他的这条后路。他，就像一艘被时间抛弃的破旧船只，漫无目的地漂流在生活的汪洋中，不知不觉，正一步步逼近无药可依的残酷现实，那是一片没有庇护的荒凉之地。

斯通利的沉沦，或许会让人误以为他天生有某种缺陷，但当我们细细剖析他的人生轨迹，却只能发现一种可悲的教育模式——正是这种教育，纵容了他多年的肉体与精神上的慵懒，将他推向了深渊。

Chapter 08

第八章｜食物即是良药

盛夏七月的午后三点，原本宽敞明亮的客厅已被改造成一间静谧的卧室，厚重的窗帘紧紧地遮挡住了外面的世界。一盏半掩的台灯散发出朦胧而柔和的光芒，却也无意间勾勒出了护士眼中的深深疲惫与心底的沉重——那是无数个无眠之夜与忧愁所累积的印记。一位面容憔悴的母亲站在护士旁边，脸上每一道皱纹都仿佛镌刻着长期焦虑带来的痛苦。她双手紧握，以此来压制内心的煎熬。村医哈金斯博士立于床脚，面庞上已布满了坚毅的线条，似乎是在为即将来临的最坏结果做着心理准备。无数的悲欢离合，非但没有磨灭他的同情之心，反而让他对人间疾苦抱有了更深的理解，对真实的悲痛愈发感同身受。床边站立的那位专家，不惜重金租用汽车穿越蜿蜒崎岖的道路，只为争取宝贵的几小时时间。众人坚信，他此行是为了决定眼前这个女孩的命运。

　　露丝·里弗斯，是这个房间里唯一一个没有表现出高度警觉或极度紧张的人。虽然处于病态的消瘦下，她的面容仍显现出一种独特的魅力，一眼便能看出她教养非凡。病痛并未夺走她面容的优雅，反而增添了几分令人动容的坚韧。她的呼吸显得微弱，时而显得不规律，那纤弱、几乎无力的身躯似乎正渐渐与这个世界告别。病房里的寂静弥漫着不祥的预兆，让人感到一种莫名的恐惧。三周前，露丝、她的母亲与永远忧虑不安的梅丽莎姑妈，从佐治亚沿海那炽热难耐的夏日里，来到了清凉的南方阿巴拉契亚山脉——因为春天姗姗来迟，酷暑并未来临。在出发前的数周，露丝备受煎熬，但她却奇迹般地挺过了旅途的劳顿，给父亲里弗斯法官带回了一个充满希望的信息。然而，没过几天，一封封满载焦急与绝望的电报，迫使里弗斯法官不得不中断庭审，火速赶往家人身边。

多年以来，哈金斯医生在这片崇山峻岭间穿梭，度过一个又一个饥馑的月份，为那些穷困潦倒的山民送去医疗与慰藉。每当夏季来临，游客涌入山区，带来一丝生机，也为哈金斯医生提供了赖以生存的收入。他默默守护着这片土地。以前，露丝总能逢凶化吉。然而，这一次，所有的努力似乎都付诸东流。医生早已邀请了邻近的同行共商对策，但面对露丝的病情，两人都束手无策。露丝已陷入持续数日的谵妄之中，这位原本温婉、理智、含蓄的少女，如今在床上辗转反侧，口中不时发出叫喊，甚至尖叫。她已经五夜无眠，只有在药物的作用下，才能休息一会儿。她的痛苦愈发剧烈，镇静剂的剂量不断加大，效果却日益减弱。多日来，她已无法辨识任何人，就连母亲那熟悉的声音，也未能唤醒她的意识。

"这必是脑膜炎无疑。"哈金斯医生最终下了定论，另一位医生沉重地点了点头。梅丽莎姑妈向邻里告知了"脑膜炎"的诊断，同时宣布她挚爱的露丝命不久矣。母亲的忧虑，一遍遍重复着"脑膜炎"，而经验丰富的护士玛莎·金深知，自己曾照料过的三位脑膜炎患者，在生命的最后时光，也曾遭受相同的磨难。当里弗斯法官赶到女儿的病榻前，仅停留了片刻。数日后，他才鼓起勇气再次踏入病房。对父亲那充满爱意的问候，露丝27年来第一次未能给予回应。法官的财产虽不多，却是他多年辛勤积攒的成果。就在不久前，他们位于佐治亚州的温馨家园终于还清了贷款。然而，面对病榻上的女儿，他毫不犹豫地拿出所有积蓄。露丝，是他唯一的女儿，值得他倾尽所有去守护。

　　"不，我们不能冒险将她送往约翰·霍普金斯医院，路途太过颠簸且遥远，她现在的身体状况根本无法承受。"哈金斯医生与前来会诊的医生一致认为，他们的唯一希望，是尽快请来邻州的"脑科专家"。病人已经五天没有进食了。在随后的24小时里，她的体力似乎正逐渐消逝。所有人都在默默守候，露丝变得异常安静，让他们心头涌上一股不安。1小时前，梅丽莎姑妈轻手轻脚地探望了她的心肝宝贝，指尖的冰凉与指甲的青紫，让她恐惧地退至后门廊的台阶上，用围裙掩面，身体不住地颤抖。即便一辆大型汽车喘息着穿过尘埃，缓缓驶入视线，停在了门前，她也未抬眼一顾。"太晚了，一切都太晚了。"梅丽莎姑妈哽咽着。哈金斯医生与里弗斯法官迎接着那位神经科专家。前者迅速地介绍了病情，而后者则坚定地说道："医生，别说我的所有积蓄，如果需要，我愿意以自己的生命换取她的平安。"

　　病房内，医生以熟练而精准的手法完成了对患者的全面检查。一切已告一段落，灯光被调至柔和，病榻上的露丝憔悴的面容在昏黄的光影下显得更加苍白无力。专家此刻静默站立，手中仍轻握着患者的手，他陷入了深深的思考之中。护士首先察觉到了医生脸上细微的变化，一抹笑意悄然绽放，那是严肃中蕴含着希望的微笑。这微笑随即感染了在场的每一个人，母亲感受到了，哈金斯医生亦然。医生开口了："这不是脑膜炎，你们的女儿有恢复健康的可能。"接下来的讨论中，哈金斯医生心中涌起了一股欣慰，他深知自己对这位专家的信任没有错付。令人震惊的是，在仅仅40分钟的时间里，专家竟洞察出如此丰富的信息，他以严谨的逻辑推理判断出患者所患的是一种"自身中毒性脑病"，根源在于肾脏和胰腺功能的不足。对于康复之路的每一步，专家都给出了清晰的规划，犹如一束强烈的希望之光照进了黑暗。里弗斯法官心中那块沉重的石头终于落地。对露丝的母亲而言，这个消息简直难以置信，因为她亲眼见证了女儿一步步走向衰弱的过程。这一切似乎并未能穿透梅丽莎姑妈内心深处的悲观主义。

是什么样的力量让露丝·里弗斯在本应绽放青春光彩的27岁，却遭受了长达10年且不断恶化的痛苦折磨，乃至生命垂危？"她的头痛始终是个谜。"这是母亲曾无数次重复的话。现在，让我们拨开这层神秘的面纱，寻找答案。

里弗斯法官，他的父亲是老里弗斯法官，家世显赫。然而，南北战争的烽火吞噬了家族的财富。尽管如此，我们的里弗斯法官依然展现出了一位绅士应有的风度，他总是衣冠楚楚，体态丰腴，面色红润，一副养尊处优的模样。在他的生活中，女儿的疾病几乎是唯一的困扰，这份困扰始终未能让他完全释怀。他对露丝的爱，承载着他生命中一半的甜蜜。

里弗斯夫人身材修长，举止灵动，几乎具备运动员般的健美体魄。她与女儿一样拥有着高高的额头。她肤色虽白皙，但并不病态。她性格冷静而理智，以一种高效的方式打理着家庭。

梅丽莎姑妈比里弗斯夫人年长5岁，身形高大而健硕，然而她的脸色却长期呈现出不健康的蜡黄色。多年来，她深受抑郁的困扰，每当抑郁来袭，她便会陷入长时间的封闭状态，拒绝与人交往。在她眼中，露丝是生命中唯一的亮点，但她病态的心理却总是在脑海中勾画出一幅幅关于露丝的灾难画面。

露丝的幼儿时期是一段洋溢着欢声笑语的美好时光。然而，刚满18个月，她开始遭遇消化不良的困扰。餐桌边，她总是被安排在专属的高脚椅上，紧邻着梅丽莎姑妈。每当美味佳肴摆上桌，她那好奇的眼睛便闪烁着光芒，不放过任何尝试新口味的机会。她那小小的身体里藏着一个智慧的胃，偶尔会对那些未经许可的食物提出抗议，但是，父母、姑妈、祖母，乃至我们大多数人，总是对胃部发出的微妙警示视而不见。随着年岁的增长，露丝并不像其他孩子那样活泼好动。即便在游戏时，她也保持着一份优雅的矜持。家务活由母亲、梅丽莎姑妈和仆人分担，而露丝则在幸福的氛围中茁壮成长。她的一举一动，都在家族文化的熏陶下被精心雕琢，遵循着严格的行为准则和礼仪规范。

随着露丝渐渐长大，尽管她始终身形纤细，未曾拥有过强健的体魄，但消化系统的"小脾气"发作次数显著减少。在她离家学习的两年间，她的健康状况相当稳定，甚至有一年，她成为校篮球队的中锋，活跃在篮球场上，展现了她不为人知的另一面。当时，法官所能提供的教育资源有限，仅能支持她两年的寄宿学习。于是，18岁那年，她结束了学业，回到了熟悉的家中。然而，就在那个秋天，命运再次向她展开了考验，她开始遭受头痛的折磨。考虑到她酷爱阅读的习惯，她前往莫比尔市寻求眼科专家的帮助，定制了眼镜。眼镜的矫正度数并不高，但眼科医生确信，这将有助于缓解她眼睛的"异常敏感"，而这极有可能是导致她不适的罪魁祸首。

在她漫长的病痛岁月中，露丝始终保持着罕见的自制。她从不轻易诉说自己的苦楚。即便是她最亲近的母亲，也只有在偶然发现露丝独自蜷缩在昏暗的房间，才能隐约感受到新一轮病痛的侵袭。对于她的熟人，甚至是挚友，露丝从未主动提及过自己的病情。

在南方的亚拉巴马州，盛夏的酷热如同烈焰般炙烤大地，有能力的家庭纷纷前往田纳西州与卡罗来纳州山脉。里弗斯法官也是如此。他认为每年的七、八月，应该送家人远赴高山，躲避炎夏。有时，若夏日的脚步提前降临，他们甚至会在六月便踏上旅程。而这改变生活环境的几周，对露丝而言，却成了年复一年最为宝贵的疗愈时光。她的身体状况在山间清新空气中得到了显著好转，通常能维持强健至感恩节之后。然而，那如同梦魇般纠缠的头痛，以不规则的周期再度袭来，伴随着痛苦、恶心与无力感。但露丝从不主动寻求药物的慰藉，除非医生明确指示。这个女孩真正的活力，唯有在观景台的那段日子得以释放。那里的山风如同一股清新的生命力，渗透进她的血液。在山区住上几个星期后，她能够毫不费力地爬到山顶。而回到家中，乡间的土地平坦而单调，沙质的道路让人步履维艰，连骑马都显得索然无味。她未曾受过增强体魄的运动指导，只能任由病痛继续侵蚀。尽管眼镜为她带来了片刻的舒缓，但仅是暂时减轻了头痛的频率与强度。她曾咨询过多位医生，尝试过无数种治疗方法，然而，没有任何一种疗法能够持久地改善她的状况。对她的母亲，以及那些真心想要帮助她的人而言，头痛仍旧是一个未解之谜。如今，谜底已经揭晓。问题的根源并不在于她的眼睛，它们已被精确矫正；也不是她的胃部，多次针对性的治疗已证明了这一点；亦不是贫血，否则那些精心调配的补血剂早已令她恢复元气；更不是椎骨错位或是神经功能失调，若是如此，那些机械疗法专家的推拿、振动与深层按摩，早就该在多年前将她从病痛中拯救出来。问题的核心，以及隐藏的秘密，正是她母亲那丰盛的餐桌！

南北战争的烽烟，曾将大多数弗吉尼亚家庭的财富化为乌有。为了应对这场浩劫，露丝的母亲深入钻研了弗吉尼亚名门望族世代传承的顶级烹饪艺术，每一个细节都打磨得精益求精。她的厨艺堪称登峰造极，能让餐桌上的每一道菜绽放出无与伦比的魅力。多年以来，里弗斯家的餐桌一直是当地美食的标杆。里弗斯夫人亲手制作的香料火腿、无花果蜜饯、加烈酒浸泡的李子布丁、填满香料的烤鸭、精致的水果沙拉……这些源自家族世代相传的秘方，制作出的佳肴无人能敌。双层奶油、辛辣的调味料、精心调制的酱汁，这些能唤醒倦怠食欲的美味，永远是里弗斯家宴席上的常客。然而，正是从她还是个婴儿开始，露丝就一直处于过度喂养的状态，那些复杂的食物，为她埋下了健康隐患。

专家指出，要让露丝回归婴儿时期，需用对待4个月大婴儿的方式来重新"喂养"她。他强调，必须教会她正确的饮食方式。她的康复之路，关键在于食用几种简单朴素的食物，这些食物几乎在任何地方都能找到，不需要遵循繁琐的菜谱，或是过分的精心加工。某些看似寻常的食物其实暗藏杀机，这些食物在里弗斯家的餐桌上极为常见，里弗斯夫人在筹划宴席时，倘若缺少了它们，甚至会感到颜面尽失。但对于这位消化系统已提前衰老的年轻女子来说，这些食物必须被永久地拒之门外。尽管专家的建议寥寥数语，但其中蕴含的再教育过程却意味着数月的耐心调养、自我克制与不懈努力。因此，露丝在医院的病榻上度过了漫长的数周，她的饮食被简化到了极致，每一餐都如同配药一般，被精确计算。因为在这一刻，食物不仅仅是食物，更是她的良药，而最好的药物，恰恰来源于食物本身。

数个星期后，露丝彻底恢复了，她开始学习食物科学，了解食品化学的基础、消化过程的奥秘、食物的营养价值、食物与工作之间的关系，以及肌肉活动的重要性及其与神经系统健康之间的联系。她曾视为珍宝的甜食和浓烈咖啡，那些陪伴她度过病痛岁月的唯一慰藉，如今在新知识的洗礼下，逐渐淡出了她的生活，取而代之的是更加合理、健康的饮食观念。

在12周的时间里，她成功增重了40磅。此前，她的体重从未超过125磅，而自此之后再也没有低于145磅。鉴于她1.73米的身高，145磅的体重为她带来了前所未有的匀称与健康，昔日病弱的女子，蜕变成了光彩照人的美人。她学会了从事手工劳动，每天充分利用自己的每一寸肌肉。

这一切发生在10年前。里弗斯家经历了许多变迁，其中最深刻的转变，莫过于厨房里的革命。能够拯救女儿的健康之道，对全家人都产生了积极的影响。父亲的体型不再那么臃肿，行动更加敏捷。梅丽莎姑妈沉溺于忧郁的日子越来越少，她的脸上绽放出了过去从未有过的笑容。而露丝，她用自己的亲身经历证明了，那个曾困扰她的健康谜团，终于得到了彻底的解答。她嫁给了一个与她般配的优秀男子，经历了成为母亲的重重考验，度过了孕育生命和抚养孩子的艰难时期，这一切都没有发生任何并发症。

Chapter 09

第九章│不可或缺的劳作

在十八世纪初，一个勤劳的家庭在法国诺曼底过着朴素的生活。他们居住在一个由石头、泥土和茅草搭建而成的简陋小屋中，周围环绕着葡萄园和果树。每当春回大地，这里便成为一处的田园仙境。五月的阳光下，过往的旅人定会停下脚步，欣赏这份宁静与美丽。此时，小屋掩映在藤蔓之间，盛开的树木散发出阵阵清香。然而，在这个时刻，小屋之内却找不到丝毫的宁静与满足。家中的长子皮埃尔，正激烈地抗拒着父亲温和的劝诫和母亲泪眼婆娑的恳求。皮埃尔深爱着邻家的女儿阿德里安娜，他们从小一起长大。为了这段爱情，皮埃尔辛勤工作，两人省吃俭用，终于在他们接近而立之年时，攒够了结婚的钱。然而，一道无情的法令打破了这一切：国家宣布不再承认胡格诺派¹信徒的婚姻，他们的后代都将失去公民身份。面对这样的现实，皮埃尔和阿德里安娜毅然决然地选择了离开法国。尽管长辈们的反对声不断，他们还是决定踏上新

1　胡格诺派是指16至17世纪法国的新教徒，尤其是那些信仰加尔文主义的教派。他们在法国宗教改革的背景下兴起，在法国历史上曾因坚持宗教信仰而遭受严重的宗教迫害。

的旅程。他们的婚礼简朴而庄重。婚礼的庄严与蜜月的忧伤交织在一起，因为他们即将离开亲爱的祖国，再也无法亲手打理那片小小的葡萄园，再也无法与亲人共度时光。

这个决定并不明智。英格兰的工资微薄，也没有适合种植葡萄的温暖气候，皮埃尔在那里劳碌一生，最终只能以一名平凡的农夫的身份离世。他们继承了父母那份刚毅与独立的精神。1748年，一家人离开英格兰，向着"希望之地"美洲出发，目的地是纽约。他们是农耕者，两代人在哈德逊河西岸贫瘠的土地上辛勤劳作。新世界地广人稀，土地价格低廉，适合蔬菜与水果生长。随着城市的市场日渐繁荣，范德维尔家族的农场也随之不断扩大。

1812年战争结束后，范德维尔兄弟每人携带着近1000美元——那是他们父亲最近分割的农场所得的一部分，步行进入纽约城。他们开设了一家蔬果店，一人负责接待顾客，另一人负责管理郊外的小菜园——如今已是繁华的纽约百老汇大道。他们的生意蒸蒸日上。其中一位兄弟成家立业，他的两个儿子创立了范德维尔进口公司。这家公司的船只从东方运来了罕见的古董、东方的挂毯以及精致的地毯，装饰着那个时代纽约上流社会住宅的客厅。如今，那位兄弟的子孙创立了备受尊敬的范德维尔企业。另一位兄弟留下了一个儿子，克利福德，以及两个女儿，多拉和亨丽埃塔。

现在，让我们走近克利福德·范德维尔的故事。他是一个体魄强健的年轻人，除了偶尔的喉咙不适之外，几乎从未生病；但在割除扁桃体后，那些小毛病也不复存在。他的父亲是一位内敛而慈祥的人，做事高效而低调。竞争对手们始终不解他为何能够稳健地取得成功——他的一切行为都显得那么不起眼。克利福德的母亲是一位理智的女性，她未曾被财富和地位所带来的虚荣所蒙蔽。他们的家位于中央公园对面。在克利福德出生后的10年内，家中再无其他孩子，直到后来才有了两个妹妹，这种家庭构成或许对故事后续发展起到了至关重要的作用。自幼年时期，克利福德即展现出令人称道的品质——自律、温和且勤勉。他默默沉浸于学习的海洋，从未让父母操心，邻里间常赞其为"模范儿童"。13岁那年，一场突如其来的冒险打破了这份宁静。在第三大道的公园里，克利福德与一群伙伴嬉戏玩耍，其中不乏吸烟、嚼烟者，甚至有人口吐污言秽语。就在那个午后，第五大道未来之星首次沾染了恶习。那是一团散发着诱人香气的细切烟草。它在克利福德口中燃烧，一部分不慎进入了气管，令他喘息不已，但那种吐出一连串烟圈和琥珀色唾液的快感却让克利福德欲罢不能。当他再次准备向同伴展示满口的"战利品"时，一个激动的小伙伴突然拍了拍他的后背，结果，烟草混合物被他吞进了肚子。克利福德浑浑噩噩地回到了家中，瘫倒在客厅的大沙发上，面色苍白如纸，无法言语。医生被紧急召唤而来，查出病因后，采取了治疗措施，却让他的状况雪上加霜。第二天清晨，克利福德的父亲郑重其事地向他承诺：如果他能在21岁之前不再接触烟草，将会得到500美元的奖励。或许是初次咀嚼烟草的糟糕经历，或许是医生使用催吐药物治疗的难受记忆，又或许是某种内在的习惯力量，总之，克利福德从此以后再也没有碰过烟草。

随后，克利福德顺利考入哥伦比亚大学，他并非那种张扬的风云人物，深受同学欢迎。认识克利福德·范德维尔的人都坚信，他的品行无可挑剔。然而，他对家族的进出口业务并无兴趣。当他的堂兄弟们在家族生意中崭露头角时，克利福德的父母心中萌生了不同的愿景——他们渴望家族中出现一位法律界的精英。家族的财产庞大，两位未出嫁的妹妹亟需一个守护者，而这一切都需要一位精明的管理者。于是，克利福德踏上了法律学习之路。没过多久，大约100万美元的房产、证券和抵押贷款等家族财富留给了他，由他负责管理自己和两个妹妹的事务。就这样，在30岁之前，他肩负起了管理巨额财产的重大责任。他的性格保守，不喜娱乐。每天上午十点，他便准时踏入位于市中心的办公室，开始处理家族事务，从房产到证券，从日常琐事到重大决策，无一不在他的掌握之中。年近不惑之时，克利福德迎娶了一位贤淑的妻子。结婚之后，他们发现，位于第五大道的家族宅邸日显陈旧，一场耗时五年的改造工程正式展开。一有空闲，他们就投入新宅的每一个细节中，从设计到选材，无不倾注心血。然而，就在装修改造的过程中，范德维尔夫人的内心悄悄滋生了忧虑，克利福德有时也会对建筑的细节犹豫不决，甚至导致他破天荒地无法按时到达办公室。好在范德维尔夫人总能在关键时刻给出明智建议，化解危机。

终于，宏伟的新房子终于完工了：这是范德维尔一家该有的样子。克利福德的生活回归了平静，但不久之后，失眠的阴影悄然降临。随着初春夜晚的到来，一种无法解释的失眠症出现了。他会在凌晨五点、四点甚至三点醒来，无法再次入睡，只好一直读书直到天亮。医生建议他打高尔夫球以缓解压力，于是整个夏天和秋天，每周有三个下午，他都会预留两个小时的时间去球场挥杆。他的健康状况虽有所改善，但医生依然坚持要求他在当年冬季前往南加州静养三个月，以确保他能够持续享受高尔夫的乐趣。在那里，他接连数周每日畅打十八洞，然而，有些夜晚，他却被疏于工作的愧疚感所缠绕，仿佛心灵的阴影。随着春回大地，他们回到了家，接下来的一年半时光，生活显得宁静而惬意。不过，好景不长，一切急转直下。医生严厉地警告他必须完全脱离工作的束缚，于是，他先去了温暖的法国南部，冬天去了拥有明媚阳光的意大利，夏天又去了拥有清新空气的瑞士。阿尔卑斯山赐予了他生命的活力。他开始攀登高峰。他变得愈发雄心勃勃，只要有向导愿意领路，他便无所畏惧地踏上任何征途。50岁那年的秋天，克利福德回了家，他的体魄已变得异常强健。五年间，妻子和同事小心翼翼地保护着他，避免给他任何可能的压力，而这种方式也奇迹般地持续了五年。但就在不到一个月的时间内，所有的旧疾如同潮水般汹涌而回，且来势更加凶猛，伴随而来的还有一些极其不受欢迎的新病症。家庭医生随即邀请了一位神经科专家前来会诊，专家在仔细检查了这位饱受神经折磨的男士后，面色凝重地提出了严峻的可能性，并建议采取果断而必要的措施。

范德维尔先生，现在已经成了一位55岁的绅士，肤色黝黑，身材虽不高大却显得结实有力，一头银灰的发丝搭配同色的胡须，别有一番风度。他不是那种容易激动的人，喜怒不形于色。多年来，他对犯错的恐惧一直是消耗能量的原因，现在竟成了一场噩梦。每一步决策都耗尽了他的心力，仿佛是在一片泥泞中艰难跋涉。责任与恐惧，在他的灵魂深处展开了一场持久战。当他意识到自己再次因所谓"过劳"而倒下时，那份深沉的抑郁便如同沉重的枷锁，紧紧束缚着他那默默承受一切的灵魂。然而，这位肩负重任与广泛兴趣的男子，自离开象牙塔的那一刻起，一直在"扮演"着认真工作的样子，其实并未真正地投身其中。他的努力，无可挑剔，时刻准备着应对人生中的难题。他的初心是纯粹的，却未曾掌握工作之道。他不懂得分辨轻重缓急，更未曾在日常的劳作中加入一缕幽默的调味，使之变得轻松愉快。范德维尔先生，一个无论身体还是心智都堪称卓越之人，本应视工作为乐事。若他能以正确的方式生活，他的效率至少可提升三倍，同时，自身也会从中受益匪浅。

神经科专家开出的治疗方案的确与众不同。范德维尔先生拥有的，是一副远超常人的强壮体魄，可惜这份天赋从未得到真正的发挥。几代先祖辛勤劳作，从土地中汲取营养，维系生命，甚至在无意间收获了健康。而他，与这片滋养生命的土地相隔了三代之遥。于是，他被送回了那片熟悉的土地，开始了与自然的亲密接触。他被教导进行越来越多的体力劳动，日复一日，他承担起了这个世界不可或缺的劳作。铲煤、耕田、修路、植树、锄草，他徒步行走，辛勤工作，汗水淋漓。体力劳动的渴望，早已深深根植于他的血脉之中。他需要劳作，就像我们每个人一样。仅仅不到一个月的时间，他对每日的工作产生了浓厚的兴趣。他那出色的肌肉变得坚硬有力，更重要的是，他不仅有了意愿，更有了渴望，这份渴望将力量转化为富有成效的努力。当他全身心投入手中的工作时，他终于能够在每个夜晚安睡，因为他的神经，这些在优质基因中孕育而生的神经，在发现他终于以多年渴望的方式生活时，感到了前所未有的喜悦。一个15岁少年般的食欲，出现在了这位55岁的男子身上，这样的转变，在他的面容和举止上带来了幸福的变化。优柔寡断逐渐淡出，自我反思不复存在，取而代之的是一个坚定的决定，这个决定将永远驱散他心中的犹豫不决。一个决定，简单而质朴，无需超凡的智慧，不需要高等教育的熏陶，也不依赖于专业技能的磨炼，甚至不必有爱侣的陪伴，便能达成："我将在六天里，不仅用脑，更要动手，第七天，则安心休息。"

Chapter 10

第十章｜游戏的艺术

那是哈蒂最初的回忆，一些片段如同雾中之影，模糊不清。她隐约记得，那些魁梧的男子抬着她父亲进门的情景；她母亲面容扭曲，满是惊恐与哀伤；而她父亲头缠白布，模样异样，仿佛从另一个世界归来。接下来两日，父亲昏迷不醒，周围弥漫着一种前所未有的静寂与恐惧，众人屏息凝神，似乎连空气都凝固了。这些记忆，有些是她亲身经历的碎片，有些则是在后来的故事中拼凑而成的画面。但关于葬礼的记忆，却如同刻在心上一般，历历在目——那具光滑的木质棺材上镶嵌的银色把手，闪烁着冰冷的光芒。这场悲剧源于一场意外，一桶空的糖浆桶从雪橇上滚落，惊吓了拉车的马匹，它们失控狂奔，导致她父亲撞向人树，颅骨破裂，最终在那具带有银把手的棺木中长眠。她有一个哥哥，但只活了8个月便夭折了。

35岁的吉尔摩太太成了寡妇，继承了140英亩的农场和城中的宅邸。吉尔摩太太具备精明的商业头脑，她与唯一的女儿哈蒂相依为命，独自打理着农场。

吉尔摩曾经是一位教师，直到快30岁时才告别讲台。她不算美貌，内心细腻而脆弱。从此，她一身黑衣，周身散发出哀伤的气息，每次教堂礼拜，都成了她公开的悼念仪式。葬礼后，家中的客厅便成了禁忌之地，哈蒂只能在清扫日或偶尔在母亲引领下，战战兢兢地窥视其中，那里面供奉着一幅亡父的全尺寸炭笔肖像，宛如一座肃穆的圣坛。即使在她安静地玩耍时，也必须避开这栋房子的一半，仿佛另一半空间藏着不可言说的秘密。

　　哈蒂·吉尔摩是一个温婉沉静的女孩，她的童年平淡而宁静。她并不强壮，因为她的成长环境中缺乏锻炼身体的机会。玩耍的时光和玩伴数量总是有限，她与母亲身处库珀斯维尔的"上流社会"，而大多数镇上的孩童则生活在桥下工场旁的简陋住所。男孩子们被贴上了"过于粗犷"的标签，其他女孩则被视为"不够格"的玩伴，因此她时常独自一人消磨时光，两个瓷娃娃，一套锡制的小炉子和餐具，便是她全部的玩具。在她那有限的闲暇时光里，她经常呆坐在前门廊上，目光追逐着过往的行人，因为她不曾被教导如何嬉戏。相反，她被告诫要保持衣裙的整洁，一旦衣物或围裙沾染尘土，便会招致严厉的批评。于是她站在那里，望着其他孩子们在校园游戏中欢笑。她从未体验过"捉迷藏"的刺激，跳房子是哈蒂能玩的"激烈运动"的极限。因此，她未能获得应有的身心成长，身材娇小，更重要的是，她的游戏时光过早地被家务琐事所取代，因为母亲的计划中充满了繁重的任务。依照当地的传统，哈蒂从小就接受了家务的严格训练，数十年如一日，她一丝不苟地遵循着母亲定下的日常规范，直到母亲在病榻上度过最后一周。哈蒂对待学习的态度极为认真，成为高中毕业致辞的学生代表。她的老师骄傲地把她当作典范。在她17岁那年夏天的毕业典礼之夜，她几乎达到了美丽的新高度。成功的喜悦和公众的认可，加之她胸前佩戴的红玫瑰映衬出的羞涩红晕，令她光彩照人。本·史蒂姆森是医生的儿子，将她那晚最美的瞬间深藏在心底，珍藏了多年。那时他20岁，是一名健康活泼的大学二年级学生。那一晚，他护送哈蒂回家。正值初夏时节，夜色温柔，他们在路上漫步。她几乎感受到了幸福，良知却在此刻警醒。她预感到了即将到来的转变，但她几乎不在乎。他们已经走到了她家门前的台阶上。突然，一阵静默笼罩四周。刹那间，冲动的本紧紧拥住了她，他亲吻了她，亲吻了哈蒂·吉尔摩那未曾被触碰过的双唇。那一刻，她的心几乎要跳出胸膛。再过一会儿，再来一个吻，她或许会收获一份爱情，然而命运却另有安排。前门猛然打开，一个轮廓分明的身影出现，尖锐的声音穿透了这对轻率恋人的世界。本悄然离去，而获救的少女安全地投入了母亲愤怒而怨恨的怀抱中。但多年以后，她仍会被悔恨和憧憬所纠缠。她的母亲说："本·史蒂姆森是个放荡不羁的人。如果他正式地追求你，我不会反对，但他太随便了。我觉得那种人很危险。"

第二天，本·史蒂姆森给哈蒂寄来了一封信，她虽未回复，却将这封信珍藏了多年。两年后的夏日，本驾驭着一匹步伐轻盈、毛色如海湾般深邃的骏马，停在了哈蒂家门前，英姿飒爽，尽显风采。他向她发出邀请，希望能与她一同外出，享受驰骋的快意。然而，这一次，她母亲尖锐的反对声再次左右了她的抉择，尽管她内心深处渴望陪伴。

吉尔摩太太的离世，如同她生前一般，孤独、务实，没有欢声笑语，只留下一抹淡淡的哀愁。本·史蒂姆森出席了葬礼，次日便登门拜访哈蒂。他并非朝三暮四之人，在他眼中，哈蒂那层毕业典礼时的迷人面纱，历经岁月流转，依旧闪耀着往昔的光芒。在冲动的驱使下，他不顾哈蒂正沉浸在丧母的悲痛中，竟在前一天举行母亲葬礼的同一房间内向她求婚。面对这般突如其来的表白，哈蒂除了哭泣着逃离，又能有何选择？她逃离了房间，逃离了本，逃离了那些年她默默珍藏的希望，逃离了与一位快乐丈夫共同构建的温馨家庭梦想，逃离了那些本可能属于她的孩子们的笑声——她放弃了这一切，只为向母亲圣洁的记忆献上最深切的敬意。

岁月悠悠，10年的黯淡时光悄然流逝。为了排解孤独，哈蒂收留了几位房客，以免自己独守空旷的宅邸。她不愿接纳孩童，因为他们过于喧闹，总是让屋子乱成一团。而本的耐心终有尽头，尽管他完成了医学学业，并已行医近十载。再没有其他人能激起她心中的涟漪，也没有人来追求她。

农场的经营颇为顺利。这位独居的女子在银行里积攒了两万多美元的储蓄，而她的财产更是翻了番。然而，即便是最灿烂的日子，也难以抹去她心头的阴霾。45岁时，她的体重仅有94磅。她进食仅仅是为了维持生命，全凭她坚强的意志，才能吃下每一顿饭，或偶尔接待邻里造访。她独自一人在房间里度过了无数时光，沉默寡言，心境沉重，忍受着绵延不绝的心痛和折磨全身的病痛。她的睡眠支离破碎，反复梦见本躺在楼下冰冷的棺材中，直到她对夜晚产生了真切的恐惧。每当服用神经药物时，她仿佛被囚禁在死神的殿堂，手脚被缚，陷入一场恐怖的沉睡。此时，梦中的本会在棺材里挣扎，向她投以痛苦的眼神，有时甚至责备她，乃至对她厉声呵斥。最终，一个可怕的梦境降临，两具棺材并列眼前，一具是母亲，另一具是本，他们怒目圆睁，对她谩骂。她因此卧床数周，直到另一位医生的到来。她终于迎来了希望的曙光。

简·安德鲁斯是虔诚的牧师的女儿，在24岁之前，她一直住在库珀斯维尔小镇。在父亲病痛的漫长日子里，她展现出了无私而高效的看护，成为父亲生命中坚实的依靠。她的家境并不宽裕，当家中的经济支柱倒下时，简没有丝毫犹豫，毅然回应了生活的召唤。由于周围缺乏医疗机构，她离开了熟悉的故土，前往哈德逊河畔的一所小型医院接受专业培训。在这里，简领悟到了通过抚慰身心的创痛带来的喜悦，正是治愈一切伤痕的灵丹妙药。五年的光阴，她沐浴在因积极态度而绽放的种种福祉之中，深谙游戏精神的治愈力量。她对生命的理解愈发深刻，对未来的憧憬崇高且满腔热忱。然而，当母亲的健康亮起红灯，简再度回到家中，让母亲的晚年充满了温暖与关怀。这位才智过人的女性，如今来到了哈蒂身边，引领她踏上了康复之路。尽管经历了45载单调乏味的生活，但令人诧异的是，哈蒂并未被苦楚完全吞噬，那份对快乐生活的渴望依然闪烁在她的眼眸中。

对于哈蒂·吉尔摩而言，学会游戏成为她康复之路的重要篇章。在这段休养的时光里，简带领她重拾少女时期的纯真乐趣。简带来了几个娃娃，她们一同为娃娃缝制衣物，悉心打扮，而后轻声细语地哄它们入睡。她们教会娃娃祈祷，为它们精心准备小份餐食，教导"餐桌礼仪"，并让它们沉浸于童真的嬉戏之中。她们共同制作了一本阳光剪贴簿，这是一本色彩斑斓的收藏册，其中不仅收录了关于仙女、孩童、鸟儿、花朵的插画，还有那些略显稚嫩却寓意深远的手绘图，记录着被关爱的幸福，以及康复之后的无尽喜悦。她们玩起了游戏，共度美好时光。她们讲述着快乐的故事，编织笑话与谜语，共享欢声笑语。有一天，哈蒂发出了久违的笑声，随之而来的是愧疚感引发的泪水；简拿起一面镜子。面对镜中那扭曲的笑容，哈蒂的笑容再次绽放。这笑声犹如初夏暖阳，预示着幸福的季节即将来临。随后，哈蒂·吉尔摩学会了各式各样的户外游戏，领略了运动的乐趣。她开始欣赏起路旁野花的美丽——那些曾经被她母亲视为"杂草"的生命。她学会了从变幻莫测的云朵中读出宏伟的叙事。她热情地邀请邻里的孩子来玩，起初他们略显羞涩，但很快就被"姑妈哈蒂的家"吸引，急切地想要加入这份欢乐。就在那个秋天，三件意义非凡的事情接连发生，彻底改变了这位迅速学会享受生活的女性的命运。

简与哈蒂，不再是单纯的医患关系，升华成了亲密无间的挚友。她们为本医生的新生儿编织了一顶精致的帽子和一件温暖的披风，这份礼物不仅是对过往的和解，更是一种对未来的期许。随后，二人踏上了一段近乎朝圣的旅程，因其所承载的意义非比寻常。她们来到了教会孤儿院，带回了一个3岁的淘气包。他的到来彻底打破了旧宅的沉寂，带来了无尽的欢笑。从今以后，即便是哀悼的客厅也将回荡着孩子的笑声，哈蒂的花园中，前院草坪再不复昔日的规整，却平添了几分童趣。罗伊被哈蒂正式收养，成为她生命中最宝贵的财富。最终，她的眼界被拓宽，看到了那片罕有人涉足的神圣之地——游戏生活，一种她曾被剥夺的纯粹快乐。家务琐事再也不是哈蒂心中的负担，它们被赋予了新的意义。当事情出现差池，她选择以轻松的态度面对，对于无法改变的事情就一笑置之。家，变成了一个充满欢声笑语的乐园。

对于哈蒂·吉尔摩、罗伊、邻家的孩子，乃至库珀斯维尔的一些母亲来说，生活终于回归了应有的模样。当一个即将步入暮年的女性，通过游戏发现了青春的秘密，她和孩子们得以拥抱快乐生活。当游戏的欢乐渗透进日常的劳作，对每一个生命而言，这无疑是一场神圣的觉醒。那些能将工作变为游戏的人，才是真正的主宰者。

Chapter 11

第十一章│痛苦的深渊

想象一下，成千上万的羊如同一团团温暖的毛球，悠然地在山坡上漫步，将绿草和鲜花转化为羊肉与羊毛。当剪羊毛的季节来临，经过整理和洗涤，柔软的羊毛被巧妙地纺成一根根坚韧的线，每一寸线都承载着未来数年里的温暖。随后，这纯白的羊毛线被赋予了色彩，蓝的深邃沉稳，绿的生机盎然，红的热烈奔放。当这些彩色的线被巧妙地编成无数股，它们就已经准备好迎接织工的巧手，轻轻卷成线球。然而，正是在这个看似简单的步骤中，却潜藏着危机。不经意的扭结或是小小的缠绕，就足以将线打结，若非细心与耐心的援救，后果不堪设想。一旦鲁莽行事，原本柔软而充满色彩的绒线就会变成一团乱麻，原本精心制作的手工艺品，便有了瑕疵。

弗朗西斯·韦斯顿在俄亥俄河畔的一个繁荣的中西部城市长大，他的家族是当地的制造业巨头，富甲一方。在东部完成大学教育后，他踏入了商界。作为一家主要由家族资本组建的银行的副总裁兼董事，他却从未真正体验过责任的重量，也不能拥有足够的自由去追逐自己的梦想。银行的日常运作由专业人士打理，不用他操心。

俄亥俄河的对岸有一座风景秀丽的南方小镇。这里居住着几位出身显赫的肯塔基贵族，而她们的女儿们则成为亮丽的风景线。弗朗西斯频繁地跨过河流，让一位肯塔基的富家千金成为韦斯顿太太。他们婚约仅有一条约定：他们的家将坐落在新娘的故乡。

弗朗西斯对妻子和新家的感情日渐深厚，银行的业务运转良好，他过河的次数也越来越少。韦斯顿府邸与庄园的一切，在妻子的操持下井井有条。弗朗西斯是个宅男，喜欢看书，却极少运动。当他抽烟太厉害时，妻子偶尔会提出温柔的抗议。

后来，小女儿降生了，却只在人间停留了几天。这场残酷无情的打击，对弗朗西斯的冲击更大。韦斯顿夫人以一种高尚的姿态承受着她的悲痛，她仿佛意识到，在夫妻二人中，她必须成为抵御悲伤的壁垒。

三年后，儿子的诞生，让韦斯顿一家充满感激与喜悦。他们为他取名为哈罗德，这个名字承载着父母对未来的无限希冀。父亲对这个小家伙的关怀，显得格外不同寻常。身为银行第一副总裁的他，如今竟连续数月未曾踏入银行一步，全身心都投入对儿子的陪伴与教导之中。他是哈罗德游戏中的伙伴，并亲自传授知识，凡事亲力亲为。哈罗德16岁时，他已经为大学生活做好了充分的学术准备——然而，这仅限于学业上的准备。因为在无意识中，父亲将他隔离于同龄男孩的正常社交之外。这个年轻人掌握了丰富的理论知识，拥有超越年龄的智慧，但他不懂得如何拒绝，缺乏互惠互利的精神，更不会主动思考他人的权益与需求。尽管父子俩经常一同散步，骑着优雅的肯塔基赛马驰骋，哈罗德的身体却并不强健。

基于此，他们决定送他去南方的大学深造，最终他选择了范德堡大学。在他大学二年级那年，弗朗西斯遭受了伤寒的折磨，恢复并不尽如人意。为了不让哈罗德知晓父亲的病情，两家人煞费苦心，没有把弗朗西斯送去疗养，而是在家中聘请了专业的护士照料。尽管母亲竭力分散哈罗德的注意力，试图淡化家庭中弥漫的异样气氛，但儿子仍能感受到家中的不自然，心中对父亲的思念与日俱增。四年后，一场意外最终带走了父亲，对哈罗德而言，这未尝不是一种解脱。

哈罗德·韦斯顿温和且友善，却略显孤僻；他的头脑聪明，成绩全优。运动、兄弟会、聚会与社交活动并未占据他的精力，他始终专注于学业，一路读到硕士研究生。在他23岁那年的暮春，他满怀期待地回到家中，准备迎接悠长的暑假。暑假期间，一位同学点燃了他对网球的热情，他在这项运动上展现出惊人的天赋。他的人生将编织出一幅精致无瑕的画卷。

在韦斯顿太太的悉心安排下，母子俩共度了一个温馨愉悦的夏季。后来，哈罗德决定投身法学领域，一切迹象都表明，他在法学院的求学之路将畅通无阻。人们普遍认为，他完全有能力在耶鲁大学法学院的学术殿堂中游刃有余。他放下了曾经热爱的网球，全身心投入到繁重的学业中。然而，进入第二个学年的寒假后，哈罗德的体重开始骤减，夜晚辗转难眠，饮食毫无规律，倒是烟瘾越来越大了。他的神经系统似乎不堪重负——从未经历风雨洗礼的它，此刻显得脆弱不堪。一股挥之不去的忧虑，如同乌云般笼罩在他的心头，他任由这份沉重的负担将自己拖入了痛苦的深渊。

一位细心的教授注意到了他的变化，与他展开了深入的交谈，凭借着非专业的洞察力，教授认为他的消化系统可能出了问题，并向他推荐了一位"杰出的纽约医生"。这位肠胃科专家在业界享有盛誉，医术精湛。一系列详尽而彻底的检查后，诊断结果对这位敏感的病人而言无疑是个沉重的打击；整个诊疗过程，对于他来说，就像是一场关于人体构造、生理机能及饮食原则的启蒙教育，这些知识在他过往的学术生涯中未曾涉及。"慢性肠道消化不良，伴有食物分解不全和自体中毒现象，加之尼古丁的影响"，医生如是说。这一切导致他在法学院的学习效率明显下滑。有生以来，学习首次成为他难以承受的重负。他感到前所未有的迷茫，正面临人生中的第一次严峻考验，承受着前所未有的压力。这是第一次，生命之线开始变得错综复杂。

　　哈罗德·韦斯顿开始了漫无目的的阅读，涉猎了大量关于食物、消化和饮食的文献。医生为他制定了一份严格的饮食计划。他开始细致入微地审视自己所点的每一道菜，对食物的品质和烹饪方式提出了种种疑问。对食物的谨慎态度和对饮食习惯的过度关注，迅速演变为一种强迫症。不久，不仅盘中的食物，就连已经吞下的每一口，都成了他敏锐感知和想象力聚焦的对象，而他本人也成为病态症状研究的牺牲品。短短两个月，他那位洞察力敏锐的医生意识到，最初源于快速食用油腻食物所造成的身体损伤，如今已经演化为一种比原发性疾病更具破坏性的心理障碍。医生建议他暂停学业，回家休养，以期在即将到来的夏日中得到放松。生命之线，此时已经陷入了一片混乱。

归家的日子并不如想象中那般温馨。从踏上故土的第一顿饭开始，那位专家的告诫便与家中世代相传的饮食习俗发生了激烈的碰撞，对那些曾装点着家园餐桌的佳肴，哈罗德不再怀有往日的温情，反而是心生怨气。家族传承的细腻情感与他早年生活的美好记忆被抛之脑后，取而代之的是对食物消化过程、食物中毒及其后果的无尽探讨，每一顿饭都变得索然无味，甚至充满争执。母亲以纯真而严肃的态度指出，她的身体健康，家族中的长辈们亦是长寿且硬朗，他们似乎天生就能超越对食物和饮品的依赖，无视其潜在的负面影响。然而，哈罗德对她的每一个建议都抱持着抵触的态度，最终，在他情绪激昂之际，他将所有的怨恨归咎于母亲：从一开始，她就未能正确地喂养他；她同样未能给予父亲应有的营养；那位纽约的医生曾告诉他，某些精神疾病可能源于食物中毒，如果母亲掌握了当代妻子和母亲应有的知识，懂得如何安排饮食，父亲就不会遭受精神崩溃的厄运，他自己的职业生涯也不会因此受挫。一旦接受了这些想法，它们便像毒藤一般缠绕在他的心头，再也无法挣脱。这些观念成为他心中的主题，一旦被表达出来，便以越来越频繁的频率反复出现，如同幽灵般纠缠不休。

　　一年前，哈罗德·韦斯顿还是一位温文尔雅的君子，性格内敛，但在与女性交流时，他脸上总会绽放出迷人的微笑，这使他深受女性的青睐。他对多个领域的知识都有所涉猎，教授们曾预言他将在司法界占据显赫的地位。然而，现在，从这颗卓越心灵的无限潜能中，他做出了第二次糟糕的选择。"父亲的伤寒影响了他的思维，他的大脑一定存在缺陷；我的遗传基因不完美；我的初次病痛破坏了我的学业。我永远无法在职业道路上继续前行，等待我的只有无尽的痛苦。"从这种毁灭性的念头出发，他轻而易举地将责任推卸给了父亲，责怪他给予了自己不健全的生命，这种近似敌意的情感与他对母亲的不满交织在一起，因为她所谓的"无知"养育了他。这些负面情绪在他心中播下了腐朽的种子，永久地玷污了本应成为他心灵慰藉的记忆与关系。正常的心智能够自由地选择其世界，而他的心灵却被迫与自己选择的残渣共存，如同置身于一片废墟之中。正常选择的能力，即使在最优秀的心灵中，也会因长期屈服于病态而逐渐丧失。

在接下来的一年里，哈罗德在家中过着郁郁寡欢的生活，而他本人正是那个将家中的欢乐氛围破坏殆尽的人。他天性思虑过重，每日都会进行长时间的散步，沉浸在对过去的悔恨与对未来的绝望中。散步并没有给他带来多少身体上的益处，因为他认为自己无法付出足够的努力，以至于无法从额头挤出汗珠或从肌肉中排出毒素。他对自身症状的错误解读随着对症状过度关注的增加而日益严重。他那肤浅的知识被当作终极真理接受，而对遗传学的无知则让他的意志和判断力屈服于悲观主义之下，他的人生变得扭曲混乱、杂乱无章。

在绝望之中，母亲寻求一位远亲医生的帮助。远亲医生带着他去见了众多专家——尽管并非肠胃科的。随后，治疗在家中持续进行，一名年轻医生作为贴身看护。两家顶尖的医疗机构伸出了援手，提供了他们最先进的诊疗设备和最完善的医疗方案。然而，三年的光阴如同流水，却未能给哈罗德带来应有的活力与希望。那些日子，他的生命价值仿佛打了折扣。责任的呼唤，曾经在他心中激荡，如今却已归于沉寂，再难激起波澜。

后来，他似乎迎来了转机，身体状况有所改善。他选择在一个养生胜地度过夏日，过上了相对正常的生活。命运的转折点悄然来临，一双纤细温柔的手从虚无中缓缓伸出，准备解开他生命中盘根错节的困局。

伊娃·沃斯，一个富裕家庭的独生女也在这里休养。她因"大学学业过劳"而暂避喧嚣。伊娃有着小巧玲珑的身躯，温婉得体的举止，甜美中透着些许娇宠，感情易动却又常被更新的趣味所转移。她心智聪慧，反应灵敏，对哈罗德·韦斯顿产生了深深的吸引力，这份情感预示着它将是修复他心灵伤痕的关键。对于哈罗德而言，这是生命中一次无可争议的觉醒。笼罩在他心头的阴云，似乎终将被爱情的光芒染上柔和的色彩，化作一幅精致的水彩画卷。这份情感对双方而言，远不止于一时的迷恋，几乎等同于订婚的承诺，即使分离，也难掩彼此的幸福。然而，"幸福"二字对哈罗德·韦斯顿来说，始终像是遥不可及的幻梦。在他与这位美丽女孩共度的时光里，他第一次全身心地关爱着一个女人，心中却反复浮现着一个念头——他需要向她坦白自己的病情以及所谓的"遗传缺陷"。回到熟悉的家中，那里是他沉思的习惯之地，这个念头在两周内愈发强烈。最终，他以一封长信倾诉了所有的细节，即便这些内容让爱意笼罩下的耳目都感到了不安。信的结尾，他询问她是否愿意在回信中给出最后的答复。深情的目光无法穿越纸张，触达她的内心——此时此刻，另一双眼睛已占据近旁。伊娃·沃斯正值芳华，年仅22岁。家庭教育、大量文学作品的熏陶、大学的教育，以及她那颗未经世事的心，都未能为她在这一关键时刻提供足够的智慧。冲动之下，几乎出于本能的反抗，她寄出了一封拒绝信。但理智的第二声呼唤，带来了更多的明悟，女性的同情心在此刻成为智慧的化身。于是，次日，一封充满保留希望的话语的信件随之寄出。哈罗德在午餐后收到了第一封回信。他静静地离开了家门，似乎是去享受日常的午后漫步。然而，直至次日破晓，他仍未归返，家人与朋友陷入了恐慌，一场紧急的搜寻随即展开。数日后，两名在河边旧木上垂钓的孩童发现了一顶随波逐流的帽子。自此以后，哈罗德·韦斯顿便消失无踪，再无人知晓他的下落。一只匆忙的手，一个仓促的举动，就这样轻易地斩断了生命线。

两位女子被命运无情地抛入痛苦的深渊。年长的那位，被唯一儿子对她母爱的评判所缠绕，孤独地生活在自责与疑问之中，余生都在追问自己母爱的智慧，那曾是她所能给予的全部。或许，未来她能帮助拯救另一位母亲的孩子，因为她深刻领悟了一个致命的教训：她曾无微不至地保护着自己的儿子，直到他成年，却未曾教会他面对生活的挑战，未曾锻炼他对抗逆境的能力。年轻的那位，被自我反省的警钟唤醒，心中始终萦绕着对重大责任疏忽的沉重负担；在一日的深刻现实中，她获得了比20年传统教育所能赋予的更深邃的智慧。倘若再次面临抉择，她将会展现出前所未有的勇气与付出——付出以守护他人，付出以实现真正的保护。

Chapter 12

第十二章｜情绪的流沙

一位衣着考究的年轻女子站在梳妆台旁，她刚从城里返回。她身高适中，身材苗条，体重约140磅，皮肤宛如细腻的象牙，脸颊上泛着健康的红晕。她拥有一头乌黑亮丽的卷发，几缕银丝不经意地映衬出岁月的痕迹，但这并未削减她青春的韵味。她的眼睛位置恰到好处，接近于漆黑，偶有灵动的光芒闪烁其间。她那双手的形状相当糟糕，有许多不安分的习惯，这是这位外表迷人的年轻女性唯一明显的缺陷。她刚刚拆开了一封质地厚重的羊皮纸信封。里面是一份精美的印刷通知，上面赫然写着：

　　"平克尼·罗杰斯大人宣布其女儿珀尔·梅与李先生·伯恩汉姆的婚礼……"

　　她没有继续读下去，也没有看到那行字："1901年5月30日星期二，在乔治亚州罗马市的家中。"她的妹妹艾迪踏上楼梯时，隐约听到了一声压抑的叹息，她急忙步入房间，只见姐姐斯黛拉蜷缩成一团，瘫倒在地。艾迪敏锐的目光捕捉到了那份通知的存在。她仔细阅读了所有内容，然后将其销毁。多年来，这件事从未被她们二人提及。唯有她明白，那份通知与姐姐突然崩溃的关联，但她遵循南方人特有的骄傲，从未将姐姐多年神经衰弱的原因公之于众。

斯黛拉的父亲贝克曼先生，当时大约55岁。他是那个赋予她诸多迷人特质的家长（包括那头迷人的黑发），他经营着县里最好的男士用品店，生意很是红火，他认为这一切的成功完全归功于多年来的个人努力。商店几乎成了他生活的唯一重心，每日的销售业绩却始终牵动着他的神经。贝克曼先生有个小小的消遣。每周六晚上10点，店铺准时闭门，他带着亢奋的心情归家，然后在接下来的两小时内，可怜的贝克曼太太会听到他滔滔不绝地阐述如何打造全州最大的男士服饰帝国，如何成为商业巨擘，时不时还重重地在自己背上拍下几掌。这种每周一次的放松时刻，总是紧接着一个痛苦的周日上午，全家人都会称这一天为"父亲的头痛日"。贝克曼太太从不透露周六夜晚的具体细节，而她精心编造的善意谎言，配以无微不至的关怀和呵护，到了周日下午的早些时候，病人便会完全恢复。然而，真正的头痛后来接踵而至，由于他的生活习惯并未发生改变，50岁时初现端倪的健康隐患，在他步入60岁时持续恶化，最终夺走了他的生命。

贝克曼太太原本是一位金发碧眼的佳人，但岁月不饶人，多年的辛劳已使她的容颜不再。她对家庭的奉献精神与丈夫对店铺的执着不分伯仲。这对夫妇的生活圈子仅仅围绕着家庭和当地的小事，没有更广泛的社会兴趣。她与丈夫同龄，毫无疑问，她长年累月地辛勤工作，努力地履行着主妇的职责。孩子们的到来，是唯一能让她短暂放下家务享受片刻宁静的时刻。过去10年里，她仅去过一次亚特兰大，并非贝克曼先生不愿让她外出——因为她坚信家中有

"太多事情要做"。勤劳的习惯像追求享乐一样根深蒂固。

贝克曼家的两个儿子继承了父母的优良品质。他们高中毕业后，就立刻投身于自家店铺的经营。在父亲健康状况不佳时，他们的表现甚至比父亲更为出色。

我们在斯黛拉的房间里邂逅了她的妹妹艾迪，从她面对压力时表现出的谨慎，可以看出她具备一定的个性特质。她肤色白皙，神经质且可能有些冷漠——至少从她从小就抗拒家务这一点可以看出。然而，家族的节俭品质在她身上体现得淋漓尽致，尽管家乡小镇的发展机会有限，她还是为一家成功的律师事务所工作了多年，是一名出色的速记员。后来，她嫁给了事务所的高级合伙人，他是一名鳏夫。然而，他的子女、她神经质的性格以及对家务的不擅长，并没有让她成为一名出色的家庭管理者。

斯黛拉·贝克曼的童年深受我们所瞥见的环境影响。她的家庭并非追求高尚理想的乐园。很多平凡琐碎的事物充斥其中，构成了家庭生活的常态。餐桌上的谈话几乎带有竞争的性质，除了母亲之外，每个人几乎都在坚持使用"我"作为谈话的中心。即便共同的兴趣也往往被个人的话题遮蔽，除非话题涉及生病。任何形式的疾病都能立即吸引全家人的高度关注。每个家庭成员都会对某人的疾病感到过分的担忧；如果家中有人"生病"，哪怕是小病，连续几天里，"我"这个词就会被遗忘。无论是感冒、眼疾、扭伤脚踝，还是做了扁桃体摘除手术，病人的状况都会被详细讨论，其细致程度堪比国际会议。他们会讨论病人睡眠怎样、医生说了什么、新药的效果、心脏能否承受压力、邻居们对病情的看法等。事实上，疾病这个话题对每个家庭成员来说都有着病态的吸引力。无论疾病多么轻微，在贝克曼家，它总是改变计划的借口。我们可以说，讨论疾病是贝克曼家族的一种业余爱好。

斯黛拉是个聪明的孩子，倘若能在明智的指引与正面的熏陶下成长，定能茁壮成才。她本有望成为一位迷人、能干乃至具有影响力的女性。然而，情感充沛的斯黛拉却过度地发展了感性的一面，以至于抑制了理性思维的成长，使她无法全面地发展。不过，我们仍可称她为一个正常的小城女孩，至少在她完成小学学业之前是这样。那年春天，她因为视力问题，在学业上遭遇了挑战。在亚特兰大配的眼镜不仅没有解决她的困扰，反而让情况雪上加霜。直到她前往查尔斯顿，拜见了一位知名眼科专家，眼疾才得以缓解。颇具讽刺意味的是，那些花费不菲的眼镜后来却被她弃之一旁，理由是"佩戴起来太麻烦了"。

那一年盛夏，13岁的斯黛拉迎来了人生转折点。贝克曼家的老祖母年迈体衰，带着对世事的眷恋，决定在儿子的家中度过她生命的最后篇章。斯黛拉，这个被以祖母名字命名的小孙女，自然成为祖母身边最贴心的守护者。一年多的时间里，她倾注了全部的青春与热情，照料着祖母。斯黛拉的付出纯粹而无私，她的悉心照料甚至让死神也迟疑，不愿轻易夺走祖母的生命。于是，祖母在弥留之际陷入了长时间的昏迷，这一连串的"艰难时刻"以及最终的离世，成为斯黛拉心中挥之不去的"初次冲击"。从此以后，斯黛拉的内心充满了纷扰，她变得焦虑不安，夜不能寐。医生为了帮助她恢复平静，不仅开出了安眠药，还建议她暂时离开熟悉的环境，去一个全新的地方调整身心。于是，她踏上了前往亚特兰大的旅途。在那里，她寄宿于一位牧师家中。对于从小并未接触过宗教的斯特拉而言，一切都显得格外新鲜而又庄重。尤其是那一幕幕全家齐跪的虔诚景象，深深地触动了她的心灵，使这个家在她眼中变得无比圣洁。在她即将踏上归途的前夜，斯黛拉终于鼓起勇气，向众人宣布了她的皈依，那份源自内心的真诚与热忱，感染了在场的每一个人。

斯黛拉·贝克曼带着一股不可遏制的热情回到了罗马。这股热情并未稍纵即逝，而是化作了她四年如一日的坚定承诺。她不仅自己投身于教会的怀抱，还将自己的妹妹拉入了这一神圣的行列。在这四年的时间里，斯黛拉对教会的奉献堪称典范，她将所有的精力和时间都倾注在了教会的事务上，无微不至，无怨无悔。教会成了她生活的中心，以至于有一天，牧师在周日的布道中公开赞扬，斯黛拉在过去的一整年里，从未缺席过教会任何一场礼拜或活动。在加入教会的第四年，她被安排进入了一所传教士培训学校深造。

然而，现实却与她的期望大相径庭。她期待的是一个充满圣洁氛围的地方，但在那里，她感受到的是一种机械化的秩序感，学校的教学与宗教活动似乎被放在了同等重要的位置。她那激情洋溢的宗教体验，在这里却遇到了冰冷的回应，没有了家中祷告会那种温馨而熟悉的氛围。更让她措手不及的是，学校布置的课程作业，不是仅凭宗教热情或个人祈祷就能轻易解决的。多年来，她已经习惯了成为众人瞩目的焦点，但在培训学校，她只是众多学生中的一员。而且令人尴尬的是，她发现自己在学习上远远落后于他人，未能达到中等的标准。在最核心的两门课程上，她成绩不佳，整体学业表现也没有值得称道的地方。如果突如其来的家庭变故没有打断这一切，斯黛拉是否能够重新调整心态，用理智去应对学习上的挑战。但命运却在这一刻转向。一封电报打破了她的平静："母亲病危，速归。"斯黛拉匆忙赶回家中，面对的是一场她人生中的"第二次冲击"。她的母亲的确病入膏肓，家中一片狼藉。接下来的日子里，斯黛拉必须倾尽全力照顾病榻上的母亲。虽然母亲最终慢慢康复，但再也无法恢复往昔的活力。从此，全家人都生活在一种不确定中，不知道哪一天，母亲的生命之烛就会突然熄灭。这种不确定性，在十年后成为现实，母亲迅速离世。斯黛拉应对第二次冲击的表现，堪称坚韧不拔。家人的爱、接纳以及家乡教会的温暖，为她提供了一个避风港，让她得以从培训学校的严苛环境中暂时解脱出来。然而，这场突如其来的家庭危机也切切实实地彻底打乱了斯黛拉的所有规划，其影响持续了整整三年。甚至有些人开始恶意地传播流言，说斯黛拉正在"逐渐堕落"。这些流言在她22岁那年夏天达到了顶峰。当时，英俊潇洒的法官之子李·伯恩汉，正在家乡过暑假，人们议论纷纷："连续两个月的每周日晚上，他都带着斯黛拉驾车出游。"

尽管只有21岁的年纪，但李·伯恩汉拥有一颗浪漫至极的心，他的甜言蜜语让斯黛拉渐渐忘却了日常的责任与义务。为何她就不能享受爱情，拥有属于自己的恋人呢？她已将生命中最绚烂的青春岁月无私地献给了他人，此刻就想等待着那个命中注定的人。爱情，这份神秘而又温柔的力量，彻底改变了斯黛拉的生活轨迹。

她与李开始共同品味诗歌的魅力，那是她从未涉足的领域——原来世间竟有如此丰富的诗意，等待着一双双渴望的眼睛去发掘。李不仅是一位诗人，更是文学的鉴赏家，他向斯黛拉推荐了许多经典小说。书信往来间，传递的不仅是文字，更是两颗心的紧密相连。即使分隔两地，他们的通信也从未中断，偶尔，李还会为她创作一些诗句，那是专属于她的浪漫。这段感情并未正式订婚，未来的话题也鲜少提及，因为他们正沉浸在当下的甜蜜与幸福之中。

在斯黛拉24岁的那个夏天，这对年轻夫妇结婚的消息成了镇上的谈资。贝克曼家族对此自是欢迎至极。可是，某一天，伯恩汉法官将儿子召至办公室，严肃询问这段关系的意义所在，甚至用略显刻薄的语气询问他是否准备"娶自己的母亲"，并对贝克曼与伯恩汉两家的联姻提出了并不乐观的评价。面对父亲的质问，李显得有些局促不安，他向父亲保证一切不用担心。对于严厉的父亲，他心中充满敬意，甚至带着几分畏惧。不久后，李便踏上了前往法学院完成学业的旅程。即便身处异乡，他仍旧坚持给斯黛拉写信，只是学业的压力让他不得不减少了通信的频率。那年春天的复活节，他选择了留在学校继续埋头苦读，"学习"成了他无法归家的理由。然而，他从未向斯黛拉坦白自己与佩尔·梅·罗杰斯小姐之间的纠葛。直到"第三次冲击"来临，斯黛拉在报纸上读到了一则令人心碎的消息——李发布了结婚公告，新娘却是另外一个女人。事实证明，这场突如其来的打击对斯黛拉而言，无疑是致命的。

她病倒了，整个人陷入了深深的抑郁之中。饮食成了问题，无论是护士还是医生，都束手无策。她对一切失去了兴趣，一些事物都不能满足她的心意，她的体重也直线下降。寒战、潮红、出汗和颤抖与精神的崩溃交织在一起，她变得沉默寡言，仿佛失去了言语的能力。从此以后，她对周围环境变得异常敏感，每一个声音，每一幅画面，每一种气味，特别是任何不幸的消息，都成为她难以承受的重负。余生中，她将情感波动引起的感受与生理疾病带来的痛苦混为一谈，内心深处的焦虑与恐惧如同乌云密布，随时可能爆发。斯黛拉的病情日益加重，母亲的体弱和姐姐的忙碌让她无法得到充分的照顾。最终，一位远房姑妈赶来协助照料。她的康复之路漫长而艰辛，足足两年半的时间，她几乎成了半个瘫痪者。身体的不适无时无刻不在折磨着她，直到一名外科医生介入，通过细致的检查，为她实施了一次探查性手术。这位医生不仅医术高明，还洞察了斯黛拉心理疾病的根源。手术后的积极影响，加上医生的鼓励与这家小型医院里弥漫的正能量，斯黛拉的身体状况明显好转。

然而，命运似乎并不打算放过她，不到三年的时间，她的父亲离世，这是她的"第四次冲击"，随之而来的是新一轮的精神崩溃。那段时间，她常常泪流满面，工作与运动对她来说都是奢望，因为她总是感到疲惫不堪。有一天，她在门前的台阶上不慎滑倒，膝盖看起来是擦伤了，尽管医生和X光检查均未发现严重的伤害，但她却无法正常行走，每一步都伴随着剧痛。最终，在绝望的边缘，她的哥哥带着她来到了一家以治愈神经性疾病而闻名的医院。此时的她，体重仅有104磅，各种病症纷至沓来。然而，医生敏锐地捕捉到了她内心深处求生的欲望。经过一系列的休息疗法，她的体重开始回升，食欲恢复，消化系统的紊乱得到了控制，按摩治疗或是某种创新的理念，让她重新找回了行走的自由。她对接下来的治疗充满了期待，特别是户外劳动疗法，那将是康复过程中的重要一环。在这段时期，她得到了专业的医疗与心理辅导，专业的医护人员给予了她全方位的照料。

5个月后，斯黛拉·贝克曼踏上了回归乔治亚州的旅程。她的归来，焕发出前所未有的生机与活力。无论何时何地，只要有人愿意倾听，她便会热情洋溢地分享自己的病痛史与康复奇迹。她详细地复述着医院的疗养之道，那些关于饮食、锻炼、特殊沐浴、户外劳作以及规定生活习惯的点点滴滴，成了她口中反复提及的话题。对别人宣讲她的康复故事，仿佛成了她义不容辞的使命。一如过往，每当沉浸于新的体验，斯黛拉的热情总能燃烧到极致，而今，维持健康似乎成了她生活的全部意义。然而，这种状态终究难以持久，总需有个转折。母亲的突然离世，恰似一道惊雷，打破了她此时对不切实际生活模式的过分执着。

45岁的斯黛拉·贝克曼，与18岁那年青涩的模样相比，风采不再，魅力消减。宗教、爱情与科学，曾一度深刻地滋养了她的灵魂，为她的人生画卷添上了绚丽的色彩。然而，这一切都建立在情绪的流沙之上，未曾奠定理性之石的坚实基石。自从母亲离世之后，她的情感逻辑日益受到错误价值判断的牵绊，变得步履蹒跚。她选择留守家中，为孩子们打理生活，但每到用餐时刻，她便会不厌其烦地细数自己的各种感受；每一次接待访客，她总要让人厌倦地提起自己的病痛与医院经历，将自我与疾病作为谈话的中心。曾经的情感稳定性和那份不惜代价也要坚持到底的意志力，如今已随风而去。45岁的她，生活变得毫无目的，时而冲动，时而茫然。家庭的旧习——自我中心的谈话以及对疾病无休止的讨论——已经深深地侵蚀了她的个性，让她变得难以亲近。她的情感世界，宛如波涛汹涌的大海，永无宁日，内心的波澜，如同海浪般起伏不定，永不停息。

Chapter 13

第十三章｜找到更强大的自我

哈里森·奥尔出生于印第安纳州印第安纳波利斯，在25岁赴芝加哥攻读文学与法律学位之前，他一直在这座城市中成长。在遗产的帮助下，他得以"环游世界"两年。最终，他选择定居于田纳西州的孟菲斯市。先是作为一名律师，随后转型为投资人，奥尔先生取得了骄人的成就。年轻的奥尔性格随和亲切，很吸引南方活泼的女性。35岁那年，他步入婚姻的殿堂。事实证明，无论是言语还是行为，他从未让任何人，包括他的妻子，感受到任何不满。他与他的密西西比新娘共度了30年看似和谐的家庭生活。65岁时，他的心脏停止了跳动。

　　哈里森·奥尔夫人的形象，无意中成为这个故事中的"反派角色"。她的少女时代在广阔的甘蔗种植园中度过。作为家中唯一的女儿，她被培养成了小女王，父母更是竭尽全力让她在社交舞台上绽放光芒。她曾在华盛顿一位政界亲戚的家中生活多年，接受了一所女子学校的教育。完成社交首秀后，她在国会大楼里工作。在那里，细腻入微的社交礼仪被赋予了高度的重视。无论在家中还是在首都，她都备受喜爱。"一位才华横溢的交谈者"，这是她15岁时便赢得的赞誉。沟通，是她刻意追求并不断精进的强项。她自幼便能言善辩，很早就学会了运用这项天赋达成愿望。随着年岁的增长，她凭借滔滔不绝的言辞，掌控了每一个社交场合。她坚信，无论何时，无论面对何人，她都能就任何话题展开一场智慧的交谈。然而，岁月悠悠，她并未在知识的积累上下足功夫，那份精妙绝伦的言语艺术，也逐渐走向了衰败。她一步步从优雅与精致滑落至因自我中心的喋喋不休而滋生的自私之中。

其实，在家的夜晚，哈里森·奥尔先生感到非常无聊，晚年时，他将大量时光挥洒在了相对宁静的俱乐部里。

再聪明的头脑，若无持续的知识更新，也难以在数十年的频繁交谈中保持持久的闪耀。奥尔夫人的谈话，被一位直言不讳的邻居形容为"顽固的絮叨"，让人倍感疲惫。她粗鲁地打断他人的谈话，那份主导对话的欲望变得难以抑制。与她交往的那些更加高尚的灵魂，只能选择容忍她的"天真"无礼，而那些依赖于她的人，则不得不默默忍受。奥尔夫人，不过是社会上众多令人厌倦的装模作样者之一，她们之所以引人注目，仅仅是因为她们那不知疲倦的长篇大论。

结婚两年后，小天使霍滕斯降临人间。她自幼便拥有一颗敏感而脆弱的心，她的神经质性格，似乎源自母亲过度而不当的关怀，在她幼小的心灵上刻下了难以磨灭的印记。5岁那年，猩红热爆发，霍滕斯被迫与外界隔绝。与她相依为命的是她的看护兼家庭教师，来自英国乡村牧师家庭的普莱斯夫人，这位独自漂洋过海来到美国的寡妇，成为霍滕斯生命中的守护神。她接受了专业的护理培训，并以端庄的举止，赢得了奥尔先生的赞赏。普莱斯夫人的出现，犹如一股清新的春风，吹拂进了奥尔家。她谦逊而不失尊严，矜持却处事果断，无论是大事小情，总能以优雅的姿态应对自如。在她陪伴霍滕斯的近十年里，她的言谈举止始终散发着温暖与智慧的光芒，成为霍滕斯心灵的避风港。面对母亲令人疲惫的健谈，霍滕斯逐渐学会了在普莱斯夫人的陪伴中寻找慰藉，普莱斯夫人用她的爱心与智慧，为霍滕斯筑起了抵御母爱伤害的防线。

在两位女性的影响下，霍滕斯的性格逐渐成形。她开始有意识地区分哪些是值得效仿的榜样，哪些是需要摒弃的行为。与母亲截然不同，她成长为一个内敛而深沉的人。

在15岁之前，霍滕斯一直在家接受普莱斯夫人的悉心教导。年满15岁后，她踏上了东行之旅，进入了母亲昔日求学的学校学习。尽管多年的私教生活使她得以饱读诗书，却未曾经历过竞争。初入学校，霍滕斯便感到了前所未有的挑战，这一年对她来说压力重重，但成绩平平。春天，一场麻疹不期而至，让她的身体遭受重创，校医认为"南方的暖阳更适合她康复"，建议她回家静养。她在家度过了整整一年，受到了母亲无微不至的关怀，却也因此承受着过度关注带来的压力。最终，对自由与独立的渴望促使她重返校园。此时的霍滕斯虽已落后于同龄人，但她不甘示弱，便奋发补习功课，最终在升学考试中交出了一份令人满意的答卷。她身形纤细，看似柔弱，却在校内体育活动中展现出了惊人的毅力。为了能加入校曲棍球队，她接受了专业指导。决心与汗水换来了成功的喜悦，这不仅是运动场上的胜利，更是她用意志力收获成功的见证。

在一次校际比赛中，她遇见了一位英姿飒爽的乔治·华盛顿大学学生。她19岁，他23岁，在毕业典礼上，他向她伸出了手，爱恋犹如熊熊烈火燃起，炽热而明亮。他们真心相爱，互相关心。

然而，命运的转折点悄然而至。普莱斯夫人回到了遥远的英格兰，若非如此，霍滕斯定会向这位慈祥的老师倾诉心事，或许会有不一样的结果。但新恋情的甜蜜仿佛融化了她心中对母亲长久以来的冰冷，那份不曾言说的疏离在爱的暖流中渐渐消融。她提笔写下了长信，字里行间洋溢着幸福的喜悦。她邀请母亲前来见证这份爱情的美好，期待她给予最真挚的祝福。奥尔夫人从未被女儿赋予过这样一个机会，她抓住了这个作为母亲所享有的崇高特权，踏上了前往华盛顿的旅途。抵达目的地后，她迅速约见了女儿的爱人，仅仅一番交谈，便让对方产生了强烈的反感与鄙夷。通过一系列手段，她将霍滕斯送上开往孟菲斯的列车，她心中只有一个信念，绝不允许她的"宝贝女儿"嫁给一个地位低下之人。她喋喋不休，不顾女儿的抗议与哀求，用无情的话语筑起了一道无法逾越的高墙。夜复一夜，她会在她床边待到凌晨，让这个可怜的女孩紧张、分心、失眠。

霍滕斯逐渐养成了失眠的习惯，随之而来的是对噪音异常敏感，这个极度失望的女孩很快就崩溃了。她渴望得到理解与慰藉，她期盼母亲的拥抱，但她很快就开始害怕母亲的存在，却只能将耳朵深深埋入枕头，逃避那本可以是温暖但如今却令她痛恨不已的声音。去落基山脉避暑、数次海上航行，甚至远赴纽约享受音乐与戏剧的熏陶，都未能让她的失眠得到根治，反而加剧了她对噪音的敏感与排斥。最终，她在费城一位著名的神经科医生的照顾下，接受了长达半年的神经科治疗，身体状况有所好转，甚至参加了与父母相伴的社交季。然而，那些母亲热衷的聚会、茶会，对她而言没有任何吸引力。

奇怪的是，霍滕斯与父亲之间，那份本应因性格相投而紧密相连的情感纽带，却并不强大，这似乎有点令人不解。奥尔夫人虽未表现出明显的嫉妒之心，但她却近乎霸道地占据了丈夫在家中的每一秒，以至于霍滕斯在父亲离世之际，才猛然醒悟，她生命中为数不多的支柱之一，已然轰然倒塌。母亲反复诉说丧夫之痛，加上对丧服细节的无休止讨论，以及对寡居的抱怨，这一切都如同重锤般击打着霍滕斯的心灵，让她的旧疾复发，对噪音的厌恶之情更是达到了前所未有的强烈。

我们或许会误以为霍滕斯天生软弱，实则不然。除去少女时代受普莱斯夫人影响，以及在求学末期由个人抱负所激发的短暂时光，她的人生中并未曾真正肩负过真正的责任，也没有作出牺牲。在经历了情感的重大挫败之后，她选择了精神上的自我封闭，而在父亲逝世的打击下，她再次以同样的方式应对。这份放弃与屈服，很快就让久未锻炼的身体机能开始衰退。她沉溺于自怜的泥潭。霍滕斯并非一个缺乏意志的女孩，只是命运未曾给予她足够的机会去培养那种能够驾驭生活的坚定意志，而那种只为自己、不顾他人感受的任性，却在母亲一手营造的环境中萌芽生长，逐渐壮大。

幸运的是，家庭医生看到了问题的实质。他深知，在这样一个家庭氛围中，霍滕斯想要找到更强大的自我，几乎是不可能的任务。于是，他建议她去欧洲待一年，借此机会避开母亲那些令人疲惫不堪的琐碎话题，逃离悲伤的阴影。在德国的多个疗养地，她尝试了近一年的治疗，然而效果却并不明显。"噪音"如同幽灵一般萦绕不去，剥夺了她的睡眠。正是这"噪音"，让她学会了仇恨与咒骂，成为她心头的梦魇。逃离噪音，成为她坚定不移的目标。为此，她在蒂罗尔阿尔卑斯山脉的偏远之处，找到了一间隐蔽的山间小屋，远离人烟与尘嚣。在这里，她与特别护士及一名仆人度过了三年光阴。

起初的数月，她的心情似乎有所好转，对周围的壮丽景色和茂盛植被产生了浓厚的兴趣。然而，夜晚的寂静并未如愿降临。她能感知到护士沉重的呼吸声，仆人在床上辗转反侧的动静，甚至偶尔传来的鼾声。她会花费数个小时保持高度警惕，等待捕捉到那无情重复的噪音，每一次都是对心灵的折磨。她渴望独处，对人类活动所发出的任何声响都充满了恐惧。于是，在离住处百步之遥的森林深处，她搭建起了一间简陋的木屋。她独自一人在此度过了一月又一月。然而，即便是蒂罗尔山脚下的冬日，依旧寒冷刺骨，这种毫无意义的生活所带来的单调乏味，最终促使她决定回到故乡。

在过去的28年里，霍滕斯的生活缺乏真正的激情与追求；无论是家庭的温馨、纽约的社交圈，还是欧洲的求医之路，哪怕是那些充满善意与专业能力的医生所提供的治疗，都无法撼动她心中那块病态自怜的"坚冰"。那位陪伴她多年的特别护士，对于奥尔夫人对待女儿"敏感而紧张"状态的漠视态度，感到无比震惊与愤怒。很快，护士与母亲之间爆发了激烈的争执；护士与霍滕斯随即匆匆踏上东行之路，在纽约附近，她们再次过起了半隔离的生活，又共同度过了整整一年的时光。

霍滕斯的邻居是一位精明的纽约股票经纪人。26岁的沃尔特·道格拉斯，正担任着这位经纪人的私人秘书。沃尔特与霍滕斯在林间的小路上相遇，那一刻，仿佛连空气中都弥漫着微妙的吸引力。自从她挥别华盛顿，独自踏上人生的另一段旅程，沃尔特成为她心中第一缕真实的兴趣所在。爱情唤醒了她心中那片以为早已灰冷的余烬，重燃激情的火花。这份情愫，虽不及十年前那般热烈炽热，但它散发的光芒，足以让她下定决心，携手步入婚姻的殿堂。这一切，她未曾向她的母亲透露一丝一毫。

霍滕斯的父亲，将家族的产业托付给了妻子。而奥尔夫人对女儿的财务需求，展现出了无与伦比的慷慨与宽厚。当一封简短的信函悄然抵达，告知了婚礼的消息，并邀请她于蜜月旅行期间在华盛顿相逢时，她生平第一次感受到了极度的无语！这突如其来的消息，犹如晴天霹雳，令她一时之间，竟不知如何表达心中的"震惊"与"愤慨"。在回信中，她以更简洁有力的字句，表达了心中的不满。他们竟然想要自立门户，抛开她独立生活！这封信刚寄出，她便迫不及待地联系了自己的法律顾问，探讨如何终结这场在她眼中显得"荒谬绝伦"的婚姻。

这对年轻的伴侣，怀揣着满满的自尊，在简陋的小公寓里开始了他们的新生活。这位娇生惯养的女子，对于操持家务显然未曾受过足够的训练。起初，她竭尽全力想让家变得温馨。如果街道的嘈杂声没有逐渐占据上风，这一切也许还能勉强维持。不到4个月的时间，年轻的丈夫出于对家庭的责任感，给岳母写信，告知了妻子危险的状态。奥尔夫人闻讯，迅速寄来了金钱，并亲自来到了女儿的家。她决定带着这对夫妇前往孟菲斯，为他们提供了一处设施完备的公寓，以及一位称职的佣人。对于家务责任的无知与无能，让霍滕斯将疾病视为逃避现实的最佳庇护所，连续数月，她所做的只是与郊区那看似宁静，实则令她难以忍受的声响进行无声的斗争。

接着，他们的孩子呱呱坠地，然而，她对自己的孩子漠不关心，唯有在极少数时刻，才会对孩子的呼唤或是丈夫的关切作出回应。医生认为，这并非身体虚弱的问题，而是她选择了一条看似最轻松的道路。只要她愿意，就能做到。医生强烈建议将她送入医院，接受治疗。

霍滕斯常常抱怨自己的听觉过于敏感，显然，她已经掌握了病弱者的全套技巧。对于提议的治疗方案，她没有提出异议。除了提到的"静养疗法"之外，她并不知道自己将会面临什么。医院方面被授予全权，可以采用任何可能有益的手段来促进她的康复。在医院的病房里，霍滕斯·道格拉斯被告知，她必须待到彻底康复才能离开，回到家庭、丈夫和孩子身边。医生仔细解释了她多年的病痛与不幸的失望、她对夜间声响的抗拒与对母亲的不容忍之间的内在联系。在她首次与医院管理者意志发生冲突后，她声称自己正在失去理智，而医院方面告诉她，一旦证明她不负责任，就会立即采取相应措施。就这样，一点一滴，她被引导着走向健康，被迫理性地生活。科学的饮食带来了营养状况的快速改善，她通过食用那些她从未喜欢、从未尝试、自认为"无法接受"的食物，增强了体力。在各个方面，她都在不知不觉中得到了提升。她经常说自己无法忍受这样的治疗。但事实证明，比起反抗，合作更能带来愉悦。5个月后，她开始夜复一夜地沉睡，那是因彻底的身心疲惫而赢得的深沉睡眠，这种睡眠是焦虑和担忧永远无法企及的境界。至于何时能回家，她却得不到确切的答案。

一天清晨，她身上没有一分钱，悄悄离开了医院，她典当了自己的手表，买了一张回家的火车票。回到家后，她宣布自己已经痊愈。

财富、医学专家、在欧洲度过的岁月、社交圈子、纽约季节的欢乐、丈夫的爱、母亲的身份……这一切都没能为这个任性的女人带来健康。直到她的疾病比健康生活本身更让她感到不适，直到她意识到，选择家中正常的生活，还是选择"可怕的医院"作为自己生活的常态，她才下定决心要恢复健康——而这一次，她真的做到了。

Chapter 14

第十四章｜自我贬低的深海

你或许路过了那座辉煌的府邸，它巍然屹立于从布法罗通往尼亚加拉瀑布的林荫大道上，如同历史的见证者。三代人的辛勤与热爱，让它绽放出更加夺目的光彩。时光回溯到一个世纪前，这幢豪宅以它的雄伟壮观和对建筑艺术的自我夸耀而引人注目。它不仅收藏了来自全球各地的珍稀摆设，就连仆役们也是经过精挑细选、训练有素的国际人才。

　　到了19世纪80年代中叶，这座曾经辉煌的宫殿却变成了一位病人的居所，居住其中的是一位12岁的少年、他的管家姑妈，以及一群侍奉的护士、男仆、女佣、管家、厨师与车夫。而这座豪宅真正的主人，虽正值48岁的壮年，却已是羸弱不堪。当你看到他斜倚在壁炉边，目光越过窗棂投向广阔的草坪，你会惊叹于他那依旧雄健的体魄。然而，当他缓缓转身，向你露出微笑，那一刻，你的心脏几乎要停止跳动，因为眼前的景象如此触目惊心。他的脸颊深陷，双唇微启，仿佛每一次呼吸都是艰难的任务；他的脸色苍白得不似常人，皮肤与眼白泛着病态的蜡黄色。他那如鹰爪般瘦削的手掌，萎缩的大腿，以及看似丰盈实则浮肿的身体，都在无声地诉说着一个残酷事实——晚期肝硬化。而他，即将成为连续第四位因暴饮暴食而英年早逝的肯特家族继承人。

你不会想在这位病人的身边久留，除非是出于深切的爱意或是高额的报酬，否则难以忍受他身边那种压抑且令人窒息的气氛，因为他是一位脾气暴躁、任性的患者。尽管他被奢华包围，仆人们对他毕恭毕敬，金融界的同仁对他尊敬有加，这一切都无法在他那冷酷的面容上留下丝毫痕迹，因为他是一位饱受折磨的病人。偶尔，当他的儿子兼继承人弗朗西斯被带进房间时，他的眼中才会闪过一丝温暖的光芒。然而，弗朗西斯有自己的家庭教师和专司其事的姑妈，她们的任务是让这个孩子保持愉悦，并确保他不会长时间打扰到这位病人。在生命中的最后一年，他陷入了最混乱无序的状态，但这并非狂野放纵的混乱，而是对医嘱、朋友建议、护士与"艾玛姑妈"的恳求的一种彻底的反叛。他没有大吵大闹，这种急躁并非外露式的喧嚣——他的性格不允许他如此表现。男仆简从不争辩、催促或提出异议，他甚至不会用一个轻微的耸肩来暗示主人的做法可能有误。作为陪伴者，简比任何人都更受欢迎。病人拒绝专业意见的唯一理由，就是他是家族中第三位走上了这条不归路的人——而这，就是他们的必经之路。他就像森林中的一棵巨树，在最茂盛的季节里轰然倒下。

弗朗西斯对他的母亲全无印象。她曾是一位美貌非凡的女子，名门之后，温柔可人，深受家人宠爱。她的父亲与祖父生活奢靡，放纵无度，事实上，倘若医生胆敢直言，"嗜酒如命"这四个字恐怕会在他们的死亡证明上占据一席之地。而那颗侵蚀健康的蛀虫，早在她生命的花朵还未完全绽放时便已悄然潜伏。她于25岁那年匆匆离世。于是，3岁的弗朗西斯被留给了忙碌的父亲、独身的姑妈和家庭教师，她们的命运完全取决于能否讨得这位小主人的欢心。这位缺乏管教的父亲对好时光的理解简单粗暴，无论对自己还是对儿子，他都认为，想要什么就应该立刻得到，何乐而不为？毕竟，拥有无尽的财富意味着拥有无穷的购买力。

弗朗西斯身材高大，比同龄的孩子更加强壮，他活力四射，思维敏捷，因此当他进入男校学习时，几乎无需做出任何调整。他慷慨大方，心地善良，讨人喜爱，凭借这些品质和优势，他早早地成为朋友圈中的领袖。

弗朗西斯的父亲曾是一位强壮的年轻人，是一位令人敬畏的拳击手，同时也是大学划船队的一员。他凭借商业生涯中的魄力和才华赢得了社会的广泛认可，留下了许多有影响力的朋友。可以预料的是，父亲的坚强性格深深地影响了他的独子。

"稀有的、多汁的牛柳能增强肌肉力量。你不需要太多别的东西，我们在训练餐桌上也没有得到太多别的东西。"父亲曾这样说过。毫无疑问，这些构成了男孩天生优秀体格的基础，尽管身体上偶有不适，他还是成长为一个体重200磅、身高6英尺的壮汉。弗朗西斯在12岁时就开始吸烟。在他10岁生日那天，有人为他斟满了一小杯葡萄酒，此后，晚餐时他总是会有酒相伴，而他也喜欢酒。这种渴望流淌在他的血液中——在他18岁之前，他就曾被人醉醺醺地送回家。在他的成长过程中，自我约束的原则从未被思考，更未曾被教导。"及时行乐"或许就是他的人生信条。

在这位少年的生命篇章中，他那强健的体魄仿佛未经雕琢的璞玉，任由时光与际遇随意刻画。倘若他的父亲尚在人世，这枚璞玉或许会被精心雕琢，焕发出不一样的光彩。然而，命运似乎另有安排。在精神层面，他生来便带着一股不屈的韧劲，肉体的欢愉过后，是他对知识的渴望与追求。正是在预科学校的毕业晚宴上，当担任祝酒主持人的那一刻，他首次尝到了醉酒的滋味。随后的秋天，他踏入了耶鲁大学的校园，那里有着一群被世人称作"放荡派"的学生，他们生活的节奏快得令人咋舌，但弗朗西斯·肯特却能轻松驾驭这份疯狂。事实上，即便是橄榄球队伍中的壮汉，也无法像他那样，在一夜狂欢后，第二天清晨仍能以神采奕奕的面容和清醒的头脑出现在课堂上。他的遗传基因、对美食的热爱以及命运，似乎都在默默支撑着他，让他在大学四年里，既能成为校园里的社交明星，同时又是一名令人刮目相看的优秀学生。

他仿佛天生对浪漫文学有着特殊的感知力，而这份感知力与他在哲学领域的卓越表现形成了鲜明对比。22岁那年，当他手捧学位证书站在人生的新起点，他已然是一位备受欢迎的校园名人。豪迈的生活方式赋予了他健康的肤色；他的眼神灵动，面庞虽略显丰腴，却因智慧的光芒而显得格外生动；他身材匀称，穿着上总能巧妙地展现出一种不经意的优雅。他拥有一颗宽广的心灵，满载着学术的灵感与崇高的理想；在许多人眼中，他无疑是一位注定要在生活中大放异彩的胜利者。

世界向他敞开了无数扇门，而他选择了欧洲作为自己的下一站。那是充满激情与探索的两年。他踏遍了每一寸土地，仿佛永不知疲倦。有时，他会连续数周地全速奔跑，直到身体与心灵都无法再承受更多的负荷。自我约束的概念似乎与他无缘，直到某一天，那缓慢却坚定的神经系统终于发出了抗议的信号，它开始拒绝接受无休止的摧残。他发现，自己已无法像往常那样迅速从放纵中恢复过来。在经历长时间的狂欢之后，他会陷入一种深深的焦虑与抑郁之中，心中弥漫着一种难以言喻的恐惧，无法排遣。唯有再次品尝几杯浓烈的白兰地，他才能重燃勇气。一天，一位朋友目睹了他的疲惫状态，告诉他正走在一条通往毁灭的道路上，应该寻找另一种生活方式。然而，肯特只是淡淡一笑，回答道："这有何用？我注定要与酒精性肝病相伴一生，这是家族遗传的烙印，根深蒂固，无法改变。我曾亲眼见证父亲因此而陨落，孟德尔的遗传法则我早已铭记于心，两只黑鸽永远不可能生出白鸽。"他的话语中充满了无奈与宿命论，并继续沿着这条自我毁灭的道路前行。他的生活信条似乎已经变成了"明日难逃一死，今且放纵狂欢"。

或许，正是源自一种深藏心底、尚未被正视的恐惧，又或许，是他对哲学探索的热忱引领着他投入对各类遗传理论的钻研中。孟德尔的遗传原理给他留下了深刻的印象，牢牢抓住了他的心。面对着家族中那些不可回避的先例，他明白，自己早已无路可逃。人生剧本在他降临人世之前早已写好，一切已然无可更改。既然如此，又何必与那宿命般的决定论做无谓的抗争？他之所以成为今日的自己，不过是那些无法掌控的力量造就的结果罢了。科学的严谨论证，此时仿佛也为他心中早已默认的宿命论添上了重重的一笔证据。28岁那年，在一场异常剧烈的饮酒狂欢后，他迎来了一场严重的震颤性谵妄。在那几天里，他被视为一位危险的精神失常者，受到了特别的照顾。恢复理智后，医生郑重警告他，必须彻底改变现有的生活方式。"如果你继续这样，不出几年，你必将因饮酒而丧命。要知道，你现在已经步入了肝硬化的早期阶段。"然而，事与愿违，这番话非但没有起到警示作用，反而如同一剂催化剂，坚定了肯特对宿命的认同。很快，他便又重蹈覆辙。尚未及而立之年，他已经经历了两次酒精引发的谵妄发作。长达15年的时间里，他时断时续地沉溺于酒精之中，最近五年，他更是一天都离不开烈酒的慰藉。而且，他每日烟不离手，抽掉40至50根香烟。当酒精与尼古丁的麻醉效果渐消，生活对他而言，便如同地狱一般，难以承受。他正迅速沦为自己受损神经系统的可怜奴隶，沉溺于成瘾状态中无法自拔。

现今，他居于家中，名义上他是某家实力雄厚企业的秘书，实则他的日子却在吃喝玩乐中虚度：烟雾缭绕的俱乐部、剧院的灯火阑珊以及驾驶快速游艇的快感，构成了他日常的乐章。音乐，是他灵魂的一抹亮色，每当身心俱佳时，他会偶尔走进音乐厅，让心灵在旋律中得到洗礼。然而，命运的转轮在一场礼拜中悄然转动，他首次在教堂遇见了玛莎·富林顿，一位真正高尚、纯洁的女子。她是新英格兰小镇上一位公理会牧师的女儿，自幼身心健康，心智成熟。她拥有一副不同寻常的女低音，22岁那年，为了追求更高的艺术造诣，她来到了布法罗。一封封推荐信，加上她那迷人的个性和动人的歌声，使她迅速在名流圈中立足，成为教堂合唱团中的一员。正是在一次短暂而精彩的独唱中，肯特被她的才华与气质深深吸引，尽管他过去对情感麻木不仁，但此刻，她那因信仰而散发出的神圣光辉，却以一种奇妙的方式触动了他。仅两周的时间，一个全新的、深刻的因素悄然进入他的生活。在一位同学家中，他与玛莎共进晚餐，同学的母亲正热心地关照着这位年轻的歌手。她那不可抗拒的魅力，唤醒了他内心深处的渴望。这种情感的觉醒，是源于她与众不同的特质所带来的刺激，还是源自他内心深处未曾被触及的细腻本能，能够识别并回应同样细腻的事物吗？这个问题的答案，我们或许永远无法确定。在她看来，他与她的每一条标准都相距甚远，她看似冷漠的态度，其实是一种有意识的自我保护。然而，她激发了他前所未有的真诚与决心。他敞开心扉，坚持而有力地表达了自己的情感，向她吐露："除非你拯救我，否则我将陷入绝望。"就这样，他无意中触动了她母性的同情心，这是一位善良女性所能感受到的最为强烈的情感之一。

他们喜结连理，婚礼的每一幕都如新娘所憧憬的那样梦幻而完美。随之而来的是长达十周的海外蜜月，那是如诗如画的十周，对弗朗西斯·肯特而言，这十周他既是清醒的也是深情的，展现了一个男人应有的担当与柔情。然而，好景不长，当他们回归社会的怀抱，参加一场盛大的社交宴会时，那琳琅满目的美酒，却在短短的一个夜晚，将这位温柔的爱人转变成了一个粗鄙不堪、忘乎所以的酒鬼。在归途的轮船上，她与丈夫被困于同一间舱房，面对这个在酒精催化下变成野兽的男子，这位纯洁、未经世事的年轻妻子，体验到了人间炼狱般的折磨。随后的三年，对他们二人而言，无疑是生命中最晦暗无光的岁月。当他清醒时，他因深知自己深爱的女人所承受的痛苦而自惭形秽，或是焦灼地与只能通过酒精麻痹的欲望作斗争；而她则在恐惧丈夫的沉沦中挣扎，同时竭力维护着对他的尊重与爱，试图在一次次的放纵中坚守这份感情的纯粹与圣洁。对他而言，爱与欲之间的较量从未停歇，他对她的爱——是他唯一的灵魂之光，而欲望则在无神论宿命观的冷嘲热讽下，以及绝望情绪的重压之下，不断膨胀。

终于，那一天降临了，那一天在任何人的生命中都被视作神圣——是年轻妻子甘愿忍受分娩的剧痛，勇敢地跨过生死之界的边缘，只为在濒临死亡的时刻迎接新生，那是婚姻的永恒见证。在满载母爱的期待中，玛莎·肯特诞下了他们的宝贝儿子。然而，孩子的父亲却缺席了这一神圣时刻。她那时并不知晓全部的真相，家人小心翼翼地保护着她，以免她受到更深的伤害。就在她分娩的前夜，他已被送往私人疗养院，正陷入第三次严重的震颤性谵妄。当她忍着剧痛与恐惧，用祷告赋予生命以崇高的意义时，他却在挣扎中失去了理智，像一头失控的野兽，让生活变得丑陋不堪。母性的疼痛，比起她身为妻子所承受的痛苦，不过是九牛一毛。当她终于得知真相，那份痛楚远超言语所能形容，犹如万箭穿心。而父亲的荣耀，彻底淹没在了他自我贬低的深海之中，当他意识到自己的行为给家庭带来的创伤时，那份痛楚更是锥心刺骨。

在这次危机中，另一位医师接手了他的治疗，这位医者同样心怀善意，渴望助他一臂之力。他与这位深受内心煎熬的男子进行了深入的对话，强调过去他并未真正尝试过自救，只是单纯依赖着薄弱的意志和对家庭的眷恋。他不曾获得科学的救治，医师向他保证，他所担忧的肝硬化并非无法医治，并坚信有地方能提供他所需的帮助，那是一个充满希望的所在。于是，一份详尽的计划应运而生，弗朗西斯·肯特郑重地许下了诺言，签下了一份自愿接受治疗的协议，承诺将遵循为期6个月的康复方案。"我并不幻想能逃避过往的恶果，"他向主治医生坦白，"我知道遗传的阴影难以摆脱，但作为一个有担当的男人，我欠我的妻子和孩子五年安稳的生活。若你能让我达成这一目标，我便已心满意足。"专业医疗的帮助深入而细致，饮食与运动被精确匹配，40支香烟换成了3支雪茄，他被鼓励动手劳作。仅仅6周后，他的外貌焕然一新，健康生活的活力重现，原本笼罩心头的悲观宿命论被一种宁静的乐观所替代，生活再次绽放出光彩。

然而，真正解开他内心纠葛的，是专业心理辅导。幸运的是，他的心理顾问不仅陪他探讨遗传"宿命"，更引领他深入理解胚系遗传与体细胞遗传的本质区别：决定后代种类仅需两位祖先，但个人的独特遗产却是由千百个先祖共同塑造，且可能受到其影响；那些看似强大的主导特征，终将被隐秘的次要特征中和。更重要的是，这位新的导师让他认识到，他面临的真正挑战并非宿命的生理判决，因为如今在正确的起点上，他的命运在很大程度上掌握在自己手中；而是他心中扭曲的宿命论，那绝非真理。他和其他理性、正常的人一样，被赋予了自由意志，在一定的界限内享有选择的自由。弗朗西斯·肯特的思维曾经受到良好教育，自私的欲望将他推向了宿命论者的行列。而更高尚的意愿引领他走向了建设性的乐观主义。他深思熟虑了一周，也许还默默祈祷，因为他知道她正从灵魂深处为他祈福。他为自己勾勒出一幅全新的、健康向上的生活蓝图，并在半小时的促膝长谈中，让医生朋友确信，2个月内的成效已经超越了原定6个月计划的预期。

于是，一个全新的弗朗西斯·肯特被允许重返家园，重拾往昔的温暖，迎接妻子和新生的婴儿。时光飞逝，数年光阴悄然而过，老宅中洋溢着幸福的气息。肝硬化的阴影早已消散无踪，自他归家以来，家中再未出现过一滴酒精。家中有两个活泼健康的男孩，有一位无比幸福的妻子，以及一个体面、刚毅的男人，他是社区中受人尊敬的银行总裁，这家银行在当地具有举足轻重的地位。耐心与智慧的手，细致地解开了命运的乱麻，而那条生命之线，始终未曾断裂。

Chapter 15

第十五章｜恐惧对身心的掌控

在弗吉尼亚州的一个普通家庭里，一个女婴悄然降临。她的到来，并未在这个家里激起波澜。她的父亲生于小镇，在一家杂货铺中担任簿记员、收银员兼伙计，对于家中再添一张吃饭的嘴，他的心中并未燃起热烈的期待。他本是弗吉尼亚名门之后，然而胸无大志。他的口中常含着烟草——毕竟，烟草有镇定心神之效。至于她的母亲，是一位病恹恹、体态虚弱的妇人。她虽对家族的骑士血统颇感骄傲，但贵族血液未能给她带来实质上的好处。然而，她的姐姐却与母亲迥然不同，她野心勃勃，为人矜持，学究气十足，言辞间不乏陈词滥调，自视甚高。她在一所不大的女子学院中工作，成绩斐然，嫁给了本地的一位年轻牧师。她膝下无子，但过得自给自足，自诩"从此过上了幸福快乐的生活"。

弗吉尼亚就生长在这样一个家庭，物质丰裕，舒适无忧，偶尔还有些奢侈享受。然而，她家的精神氛围比较淡薄。日常的交谈，无非是家中琐事——姐姐的成就，邻里间的流言蜚语，以及教会圈子里的鸡毛蒜皮。这个家缺乏美感，没有悠扬的旋律，仅有的几幅画作也只是敷衍了事；客厅的布置完全迎合了当地商贩的品位，以方便他们处理存货；书架上摆放的书籍，多是由油嘴滑舌的书商推销而来。无私，在这里犹如外来物种，与家庭氛围格格不入。弗吉尼亚便是在这样一个家庭氛围中懵懂成长，深受母亲情绪波动和姐姐传统观念的影响。父亲的影响几乎可以忽略不计，除了尼古丁之外，他似乎对生活中的一切都漠不关心。只有在少数心境平和的日子，母亲才会给她一些自由空间，但更多的时候，她都会利用恐惧来展现权威：对惩罚的畏惧，对未知的敬畏，以及姐姐口中那句"别人会怎么想"，成为塑造弗吉尼亚幼小心灵的主导力量。因此，在她的成长历程中，从未有人尝试过以理性替代情感。有时，她的情绪如脱缰野马，肆意奔腾。而母亲往往在女儿最为暴烈的时刻选择妥协，从而满足她那些已经失控的欲望。

这个家庭在生活的某个方面却显得尤为骄傲。作为真正的弗吉尼亚人，他们对美食的追求近乎痴迷，无论付出多少代价，餐桌上总是堆满了美味佳肴。享用美食，成了他们的一种自豪，而快速进食则成为孩子的习惯。尽管他们为此付出了大量的时间和努力，尽管餐桌上丰盛的食物耗费不菲，尽管吃始终占据着家庭的中心位置，但他们却从未真正领悟过用餐的艺术。

16岁的弗吉尼亚散发着迷人的魅力。她拥有着橄榄色的肌肤，一头栗色的秀发，以及一双同样柔和的栗色眼眸和眉毛。她热爱欢笑，不拘小节，充满活力，擅长运动，直觉敏锐，以优异的成绩完成了当地的高中学业。然而，她的大部分思考方式仍停留在情感层面，笑容和泪水同样易现，她的决定往往基于瞬息万变的感受。得到信任与鼓励时，她总能展现出出色的工作能力。她也具备建立深厚友谊的能力，但她那变幻莫测的性情，却让友情之路变得崎岖不平。她的人生中弥漫着强烈的责任感。她对恐惧的良知异常敏锐——每当有任何不健康的冲动浮现时，良知都会严厉地责备并折磨她。对她而言，很少有真正宁静的夜晚，因为在那安静的时刻，与所犯错误完全不成比例的悔恨，会无情地鞭打她的心灵。她对爱情的良知同样丰富，为了爱情，她甘愿成为牺牲品。而她的责任良知尚处于萌芽阶段，在她的计划中扮演的角色微不足道，很少能让她从欲望的束缚中挣脱。

经过一年师范学校的培训，她在邻近镇上的一所学校谋得了一份小学教师的职位。19岁时，她身上似乎存在两个截然不同的弗吉尼亚。那个美丽的弗吉尼亚，是一位充满温情的女子，渴望能够得到与自己所付出的深情厚谊相匹配的回应。这种温柔之美让她的缺点也显得别具魅力。而另一个弗吉尼亚，则是由不幸与有害情绪交织而成的混合体——面对微不足道的不规则事件时，她显得缺乏耐心，经常因小事而变得烦躁不安。在受到挑衅时，她的怒火瞬间燃烧，最终在失控的爆发中耗尽——一刻钟的愤怒，半小时的泪水，以及半天几乎令她瘫痪的头疼。她胸怀大志，对自己的局限感到不满，尤其是在她逐渐意识到家庭生活的局限之后。她对姐姐那种居高临下的姿态、过分自信的仪态和大学教育带来的权威感到不满。然而，最致命的缺陷是恐惧对她心灵、身体和精神的无情掌控。由于无知的培养，她害怕黑暗，甚至恐惧黑暗本身；夜晚独处时，一种病态的恐惧紧紧抓住了她。即使是在她自己的床上，也无法让她逃离那些由想象编织出的虚惊一场。在她独处时，与自己的思绪相伴时，这种担忧如影随形。

当她步入28岁的门槛，弗吉尼亚已是一位病弱的女子。对于工作，她投入了全部的热情与精力。她勤勉工作，同时也忧心忡忡。学校纪律的问题如同一座险峻的山峰，矗立在她的面前。30个孩子，来自不同的家庭，代表着五花八门的家庭教育模式，他们都期待弗吉尼亚能将他们凝聚成一个有秩序、和谐的集体。

由于弗吉尼亚自己的情感生活从未找到秩序或平静，从一开始，她就未能在她的学生中培养出秩序与平静。有些时候，孩子们天然的躁动不安使她头痛欲裂。访客成了她心中的恐惧。她唯一的慰藉就是在放学后与校长进行的简短交流。她的课堂管理能力不尽如人意，校长心里十分清楚，访客们也看在眼里。而她越是努力解决学校纪律的问题，自己紊乱的训练背景所带来的威胁就越大。短短几个月内，她将情感上的疲惫转化为了身体上的过度劳累。她脸色苍白，泪眼婆娑，容易疲劳，睡眠质量差，患了中毒性贫血。她被迫放弃了挚爱的教学工作，在家休养了半年，但效果并不明显。她进入了一家专业的医院接受治疗。经过数周的密集治疗，她的身体恢复状况显著改善。因为姐姐的婚姻和母亲的离世，她搬去与一位丧偶的姨妈同住。

在医院里，弗吉尼亚曾有过一次深刻的启示。在那里，她看到痛苦被温柔所缓解，空虚的生命从慷慨的心中得到充盈。她看到了给予的高尚，而她内心深处未被回应的母亲般的呼唤得到了响应。她并未完全康复，她并未深入地生活，她从未实现过最好的自己，她渴望回到医院的怀抱。然而，姨妈明确反对她从事护理工作。

头痛再次袭来，这是她情感不快的物理表现，最终，在绝望中，她远离家人和朋友，决心在自我牺牲中寻找生命的真谛。

　　接下来的三年，是训练、再教育、成长的三年，毫无疑问，这是一段充满奋斗的岁月。通过日常积极活动的健康习惯，规律的作息，合理的饮食，她的身体迅速恢复了正常。这一过程并非没有痛苦——数月的煎熬，是在矫正中度过的，因为长久以来，叛逆已经成为她的常态，而医院的纪律则如军队般严苛。但她许下了承诺，恐惧的良知与爱的良知后来得到了责任良知的加持，她从未真正考虑过放弃。在护理工作中，护士必须展现出乐观的态度，面对患者的痛苦，她的急躁与不耐烦在一次次的接触中渐渐消散；乐观逐渐从一种习惯转变成了一种心态。在医院那坚如磐石的氛围中，她得到了助力。她面临的真正考验是对恐惧的斗争——无人知晓她在夜间值守时独自面对的是何等的挑战。在理智的引导下，她痛苦地克服了对黑暗的恐惧，获得了对自身缺陷的深刻理解，并因此受到了鼓舞，申请承担超出常规的夜班任务。

　　后来，在她本人的请求下，她独自完成了对逝者的最后仪式，以此彻底征服恐惧。她变得愈发胜任工作，乐于助人，她的敏锐直觉、奉献精神以及对服务的热忱，使她在各个方面都显得尤为卓越。

　　如今，她的生活洋溢着宁静。曾经的情感波动与痛苦已被稳定的正向情感所取代。稳定情绪并没有削弱她的个性，反而使其更加丰富。她掌握了享受生活的艺术，因为个人的兴趣已升华成对服务的热爱。如今，她是一位能力出众、效率高超、乐观向上、身心健康、忘我奉献的女性。

Chapter 16

第十六章｜意志力的来源

在一间布置奢华、光线柔和的办公室内，两位医生正静默地坐着。年长的医生那一头虽已微霜却仍总体乌黑的头发，让人难以置信他已近古稀之年。他的宝贝女儿此刻正在隔壁房间，准备接受年轻医生富兰克林的检查。

"医生，我绝无不敬之意，但在我看来，没人能真正参透我女儿的病情。"老人缓缓开口，言语间满是沉痛，"她的弟弟妹妹都是健康活泼的孩子，从小到大未曾遭遇大的病痛。我虽然快七十岁了，但在我这样的年纪，还能上夜班的人恐怕不多了。我的掌上明珠瓦娜，曾是那样的完美无瑕。她是我的长女，自小便受尽了母亲的宠爱与呵护。她也确实是个聪明伶俐、活泼可爱的小天使。15岁那年，她高中毕业，而后又在蒙蒂塞洛学院深造了一年。然而，一切的不幸似乎都始于那个春天，那时她接种了疫苗。在此之前，她除了普通的麻疹外，几乎未尝过疾病的滋味。她似乎对疾病毫无准备，虽然命运似乎在告诉她，从那次手臂发炎开始，她将不得不面对疾病的挑战。学校医生不得不为她切开脓肿，这让她错过了毕业典礼上的表演，那原本是属于她的荣耀时刻。她未能及时康复，与室友共赴密歇根的旅程也因此泡汤，她总是在想，如果能完成那次旅行，也许一切都不会变得如此糟糕。那一年夏天，对我而言同样艰难，或许是我未能给予她足够的关注——不管怎样，18年来，她就像是半瘫痪一般，饱受病痛折磨。先是这条神经疼痛，接着又是那条神经作祟，由于坐骨神经痛，15年来她甚至连1英里的路都无法独自走完。我曾送她去温泉疗养，有一年夏天，她在萨拉托加度过了漫长的季节，还接受了两次泥浆浴的治疗。26岁那年，她在摩尔医生家中度过了4个月，我们曾是大学时的挚友，他对于治疗风湿病有着独到的见解。然而，随着时间的推移，他认为问题可能出在她的饮食上，于是她又在B城的疗养院生活了一整年，体重有所增加，从此她几乎不再吃肉，也不再喝咖啡。她常常抱怨眼睛不适，但眼科专家却说她的眼睛没有问题，问题并不在此。我们这里最好的两位外科医生拒绝为她动手术，哪怕我恳求他们至少做个检查，看看能否找到病因。她的三位主治医生都说这是神经问题，但我不认为他们真的了解。我知道这样说可能会触及您的专业尊严，但在我45年的行医生涯中，我从未见过仅仅因为神经问题就能让一个健康活泼的年轻女子卧床不起，忍受着常人难以想象的痛苦。五年来，她晚上要服用10至15粒安眠药才能勉强入眠。如果这一切只是神经问题，那么我对神经学的理解显然还有很长的路要走。我认为，一个行医45年的人应该对神经有足够的了解，至少应该能在自己的家人身上辨识出症状。但事态必须得到改变。瓦娜已经把我们的家变成了医院。我们不敢随意关门，甚至她妹妹都不敢弹奏钢琴，因为她只要听到响声，就会头痛欲裂；如果家里的厨娘罗斯玛丽煮甘蓝或是仅仅把洋葱带进屋内，瓦娜的胃部就会剧烈不适，需要用皮下注射来抑制她的恶心呕吐，而这种状态往往需要一周的时间才能恢复。

"我的女儿，哎，她如今仿佛变成了另一个人，与12岁那年那个体贴入微的小姑娘相比，简直是天壤之别。想当年，在我乘坐的马车于夜色中不幸翻覆导致腿骨折断的时刻，她照料我，那份细心与周到，就连她亲生母亲都自叹不如。那时，她像个小天使一般，轻手轻脚地每晚前来探望，确保我的伤腿安然无恙，未曾受到丝毫扭动。然而，时光流转，现在她却期待着家中每一个人，乃至邻里，都要围绕着她转。有时，正当罗斯玛丽要开始忙碌准备晚餐之际，她便派人传唤，让人花费大把时间倾听她那繁琐的要求，详述菜肴的烹饪方式，而当饭菜上桌，她却往往只吃几口便弃之一旁。补药似乎对她毫无裨益，我曾尝试给予她铁剂、砷剂以及士的宁，剂量之大，足可以救治一打虚弱的妇人。可她总声称自己体弱不堪，连基本的锻炼都无法承受，常常卧床两日有余，仅以阅读与偶尔的书信往来消磨时光。然而，到了圣诞节前夕——你一定知道，她那双巧手能编织出无数美好的东西，无论是缝纫还是刺绣，或是制作各式精美的手工制品——她会投入极大的精力去准备节日礼物，以至于节后长达两个月的时间里，她彻底耗尽心神，数周内足不出户。这几乎成了她一年中唯一的亮点，除了抱怨自己的身体不适之外，她还开始对我们这些家人指指点点，对整个家庭的生活方式提出批评，甚至发号施令，要求大家按她的意愿行事。她对继母的态度更是恶劣至极，有时对我也毫不尊重，若非她病弱，我定会给她一番教训。她曾是个多么可爱的孩子啊，但病痛的折磨彻底改变了她的性情。如果她能离世，或许无论是她本人，还是我们这个家，都能得到解脱。你看，医生，我对治愈她的希望已所剩无几，但她一直坚持要来见你，愿意花费她母亲留下的那点积蓄，只为实现自己的心愿。如今，我身为一名医生，自然会全力支持你的判断，只要你认为能够治愈她，我愿意承担所有的医疗费用。但倘若她病情依旧，那么只能祈求上苍庇佑我们，尽管如此，我还是得负责照顾她直到生命尽头，因为她在这次治疗之后，将身无分文。"

瓦娜·费尔柴尔德静静地躺在检查床上，眼神中带着期盼，面色苍白得如同初冬的晨霜，连她那湛蓝的眼眸、白皙的肌肤，以及一头迷人卷曲的金发，都失去了往日的光彩，唯独当耳畔传来预示富兰克林医生即将莅临的声响时，她的脸颊才会因片刻的希冀而泛起一抹淡淡的红晕。她的内心世界，因多年的病痛折磨而变得晦暗不明，许多真实的感受都被那些无果的病痛岁月所遮蔽。然而，她对医生到来的欢迎却是发自肺腑的真挚。"噢，医生，我真是太高兴能来到这里！您还记得梅尔顿太太吧。是您治愈了她，自此之后，她便一直身体健康，活力满满。这两年多来，我一直在恳求父亲带我来见您，但他似乎已经失去了信心。他竭尽全力，不惜重金，却始终未能见到成效。现在，您一定要把我治好。大家都说这是我最后的希望。我真的无法再忍受这些难以言喻的疼痛了。如果再不采取措施，总有一天，这些疼痛会将我逼入疯狂的深渊。您看我的手臂，昨晚在火车的卧铺上，疼痛几乎让我无法忍耐，为了避免服用任何药物，我只能紧紧咬住手臂，结果留下了这些痕迹。

我希望您看到的是真实的我，没有被那些可怕药物所掩饰的模样。您一定会治好我的，对吧，医生？这样我就可以尽快回家，像梅尔顿太太那样，拥有健康的身体，像其他女孩子一样，享受青春，结交朋友，参加派对，翩翩起舞，驾车出游，尽情享受生活的乐趣，在我尚未老去——或者离开这个世界之前。噢，医生，您根本无法想象我过着怎样的地狱般的生活！每一天都是一种煎熬。我想家人们已经尽其所能了，但他们当中没有一个人真正理解我所承受的痛苦，否则他们会更加体谅我。生病本身就是一件痛苦的事情，尤其是当你周围的人都在努力做正确的事情来帮助你的时候。我知道这次旅途让我的病情雪上加霜，因为现在我的脊椎就像一根裸露在外的神经，每一次跳动都带来难以忍受的痛楚。如果有人在我背上放置一些炽热的炭块，或许我还能感到一丝解脱。您知道，没有什么比神经痛更让人痛不欲生的了。"

富兰克林医生静静地微笑，这样的场景对他而言并不罕见。他曾无数次聆听病患以夸张之词描述他们的痛苦，但他那锐利的目光总能轻易分辨疾病中的真实与虚构。他知道，这般过分的诉苦和哀号，往往反映的更多是心灵或精神的困扰，而非纯粹的身体疾患。然而，他的体检过程却异常严谨，对抗疾病时，每个细节都不容忽视，抗击疾病的战役里没有猜测的空间。

"是的，我儿时的日子无比快乐。妈妈是最懂我的人，没有人能比得上她。她知道何时我需要安慰。我在学校表现出色，真心喜爱我在学院时的室友米尔特·科温顿。想想看，她结婚了，嫁给了一个贫穷的牧师，但我相信她是幸福的，因为她身体健康，拥有自己的家庭，还有3个孩子。我不知道他们如何在每月1800美元的微薄收入下维系家庭，甚至没有牧师的住所。你知道那年春天，学院爆发了天花疫情，所有人都必须接种疫苗。我抓破了我的接种部位，或者是发生了别的什么，结果我几乎因血毒症丧命。那就是我神经炎的开端。他们不得不切开我的手臂以挽救我的生命，当您检查我时，我强忍着疼痛，才没有在您触碰那个伤口时失声尖叫。您相信我是勇敢的，对吧，医生？那里依然疼痛，但我并不想在检查过程中打扰您。您认为我还有希望吗，医生？"

此时，医生朝护士轻轻点头，示意她离开房间。

"那么，那年夏天还发生了什么？"他以温和的语气询问她。

"嗯，我因为接种疫苗和手臂的切开，在床上躺了3个月，有一位特别的护士照顾我，连续几天我都无法进食固体食物。他们从不告诉我我的体温有多高，担心吓到我，但我并不在乎。我曾希望我能就此死去。"

"孩子，到底是什么让你，一个原本快乐的16岁少女，产生了死亡的愿望？是不是有什么更严重的秘密你尚未吐露？"

"哦，医生，难道爸爸没跟您说过吗？不，我知道他不会说。他可能并不了解——他不可能理解那对我意味着什么。哦！我必须告诉您吗？别让我讲，医生！哦，我可怜的头！医生，它快要炸裂了，请做点什么吧。哦，我亲爱的妈妈！她那么爱我，她也理解我。"泪水涟涟，抽泣声随之而来，一时之间，两人陷入了沉默。

"跟我谈谈你妈妈吧。"医生说道。

于是，那个不幸的故事，那个悲伤的往事，以一种充满了自怜的语调缓缓流出。那是一种失去了自尊的声音，自尊，正是健康女性应有的特质。她的父母可能从未真正快乐过。那年春天，当她在学院病倒时，她的母亲离开了家。他们分道扬镳。那年秋天，她的父亲再婚，而她的母亲也在之后不久再婚，但只在新家生活了几个月，就在那个冬天去世了。从那一刻起，瓦娜就对她的继母怀有深深的憎恨。"我鄙视她。我再也无法信任父亲。我无法再信任任何人，我厌恶这个家，我想死。请，医生，别让我活下去。我没有任何活下去的理由！"

在这里，我们看到了瓦娜病态的根源——那是溺爱的母亲留下的烙印，她从未教导女儿树立无私生活所需的坚韧品质。这位母亲已经离去，取而代之的是一位更有教养的女性，她试图在继女身上培养坚韧的性格，但她的每一个努力都被抵触。疾病，这个被成千上万逃避现实的人视为避难所的地方，成了瓦娜这个未成熟灵魂的藏身之所。年复一年，疾病成为她抵御所有责任召唤的坚固壁垒。起初，她软弱地接受了疾病，但随后，疾病犹如一只无情的章鱼，用它那令人窒息的触手缠绕住她，缓慢地扼杀了她的生命，让它变得毫无价值。

"您的女儿必须离开阿尔顿9个月。其中6个月内，她将在西部的一个牧场度过；剩余的3个月，她将在城市贫民窟中服务。莱顿小姐将是她的护士兼伴侣。生活是有意设计来锻炼意志的。费尔柴尔德小姐已经丧失了自主意愿的能力，到了34岁，她完全缺乏做出必要努力的意志力，而这正是理性、健康生活的基石。她只不过是一个哭泣的弱者，一个多年来逃避不幸的懦夫。您的女儿必须从对不适的逃避转向履行职责，从对痛苦的畏惧转向富有成效的努力；她必须将自己抵抗的界限推至超越普通头痛、周期性不适或贪图安逸所能暗示的力量；她必须学会将无数消耗性的厌恶转化为建设性的喜好。最终，我们希望教会她如何面对生活中不可避免的挑战。如今，她比一个正常3个月大的婴儿还要敏感。她必须经过明智的锻炼，成长为一个真正的女性。"

我们不能说这位忧心忡忡的父亲从这场独特的病情分析中收获了希望，但足够的信心促使他承诺对这个为期9个月的"实验"给予忠诚的支持。然而，病人却反抗了。她来是为了成为富兰克林医生的病人。她无法"承受这次旅行"。她不愿意"迈出一步"。

确实，这一切看似残忍无比。他们在卧铺车厢颠簸了三天三夜；再驱车40英里，穿越一条条越发崎岖的道路，最终抵达蒙大拿州丘陵深处的大牧场。在那里，每个人都显得如此健康，甚至过于健壮，至少在她眼中是如此。第一周后，阿司匹林与韦罗纳尔安眠药告罄，再想补充简直如同痴人说梦。每当她拒绝锻炼，她只能得到一杯温热的牛奶，里面漂浮着几片粗硬的面包碎屑，而清新的山间空气却激起了她的食欲；当她态度恶劣时，她就被彻底孤立，独自一人留在那间昏暗的房间里，甚至连中国厨师李也不会透过窗户投来同情的目光，任凭她如何哀求更多食物。在那些"备受凌辱"的日子里，她是多么怀念家中的罗斯玛丽！莱顿小姐始终保持着礼貌，但每当瓦娜变得"刁蛮"时，她不会停留片刻，而是离开一小时，去大客厅与男人们谈笑风生。在离开东部之前，莱顿小姐显得那么和蔼可亲，而现在，她确实也有时展现出温柔的一面，但前提条件是瓦娜必须服从她的安排。作为护士，她受雇于照顾一个病弱的女孩，却无权因瓦娜的抱怨或拒绝立即执行命令，就将她长时间地单独留下。牧场里有一位年轻医生，如果他愿意，本可以伸出援手，但他和其他人一样冷漠无情。当护士请他来进行检查时，他像一座谜一般的雕像，沉默不语，没有给她任何安慰，只是告诉她要遵循护士的指示。她满怀怨气地给家里写信，但不知为何，所有的回信都是由富兰克林医生亲自撰写，他用简短的回复先让她生气，继而令她感到羞愧。有时，她会情绪失控，甚至几次出现肢体冲突，但护士却平静而略带羞辱地将其计入"锻炼账户"，并给她带来更多的食物，说争吵与劳动一样，有益于增强体力。但不知为何，瓦娜无法长时间憎恨莱顿小姐，因为在她所有的"残忍"背后，瓦娜渐渐意识到，一份深思熟虑的友情始终在默默等待。有一天，她们外出兜风；当距离牧场4英里远时，发生了一些意外，她们被要求下车。她们站在那里，凝视着远方连绵起伏的山峦，目光越过层层叠叠的丘陵，直至遥望到那些矗立在远方的落基山脉，那些花岗岩构成的山峰仿佛城堡般雄伟壮观。

马队启动，当他们转弯时，赶车人挥手致意，仿佛在告别中流露出遗憾。她们开始步行返回——足足4英里路程。对瓦娜而言，这几乎是20年来未曾有过的壮举。她边走边化解了内心的怨气，事实上，她心中甚至升起了一丝自豪感。而护士当然也为她准备了一顿丰盛的晚餐，这是她在蒙大拿吃到的第一顿真正的正餐。这一刻，成为她生命中的转折点。

步行、骑马、劳作、在野外露宿、在长途跋涉后的烟熏火燎中入睡、背着自己的毛毯和包裹——这一切都逐渐成为她生活的一部分。她的体重从96磅增加到了130磅，增长了近35磅，体态变得更为健硕。她甚至学会了无鞍骑马，用自己亲手剪下的羊毛，经过清洗、染色和纺纱，织成了一张色彩斑斓的地毯。她早已明白，莱顿小姐所做的一切，不过是遵照富兰克林医生的指令。那年秋天，她们回到东部的巴尔的摩。她与莱顿小姐一起，在贫民区工作，接触到了生活的真实与艰辛。她每周都会去看望富兰克林医生，医生向她解释了她病情以及全面恢复背后的深层原因。她开始认识到自己多年意志薄弱的生活模式。医生向她揭示了她对家庭的巨大亏欠，向她那已经清醒的头脑解释了她曾经承载的爱是多么肤浅，并唤醒了她对继母品格真正卓越的认识。她睁开的眼睛看到了缺陷生活所映射出的巨大悲剧，这种悲剧体现在她每日服务的那些生活在贫困与罪恶之中的人们身上。相比之下，她的生活实则是一种福气。

一天，消息传来，她的继母病倒了——她能回家帮忙吗？就在那一天，这个女孩告别了她的童年，迈入了成年的门槛。她以一个全新的面貌回到了家人身边，一个深思熟虑、体贴入微的女人，一个几乎沉默寡言的女人——除非言语能带来黄金般的价值；一个善于交友且时刻不忘朋友的女人，一个辛勤工作的女人，一个为父亲营造更幸福家庭的女人，一个几乎承担起继母依赖的女人；一个科学地被迫将自我怜悯的软弱转变为力量的女人，一个在违背自己意愿的情况下变得坚强，选择并过着值得骄傲的奉献生活的女人。我们祝福这位新生的女人，她正在弥补自己对家庭过往多年来欠下的遗憾。

Chapter 17

第十七章｜放浪的灵魂

"噢，老沃，你一定要赢！我相信你会的！"

"挺直腰板，老兄，拿出你最好的状态。"

"注意你的膝盖，亲爱的朋友，别颤抖。出发前想想我们，记住我们在为你加油。"

"我们都在为你祈祷。"伊娃·马丁低语。

就在列车员喊出"全体乘客登车"的那一刻，她正紧握着沃伦·沃林的手。当沃伦·沃林以优雅的姿态登上最后一节卧铺车厢时，贝洛伊特高中整个高年级的学生集体发出了震天响的学校加油口号，三次热烈的掌声和一声响亮的"为沃林加油"响彻云霄。

对于一个敏感、想象力丰富的16岁少年来说，还有什么比这更能激发他的斗志与激情呢？在这半小时的送行仪式中，他成为众人瞩目的焦点——受到了敬仰与鼓励的目光，收到了一连串的祝福，既包含了严肃的忠告，也不乏幽默的玩笑。古老的贝洛伊特车站见证了无数热情洋溢的欢送场面，但很少有像帅气的沃伦·E. 沃林这样明显值得称颂的对象。全国禁酒协会通过一系列竞赛，利用全国高中学生的演讲才华来影响公众舆论。在威斯康星州的比赛中，少数精英将争夺州级禁酒演说的最高荣誉，以及一枚大小相当于双鹰金币的金牌。该奖将由大学教授组成的评委团颁发。现在，沃林正要出发前往比赛现场，去追逐他的梦想。

沃林治安官勤勉耕耘，他待人宽厚，行事低调，勉强维持着农场的生计。倘若治安官在农业方面能更加精通，而非沉迷于法律典籍，或许他的经济状况不至于如此拮据。若非他贤惠的妻子在35岁时去世，留下40岁的丈夫与5岁的稚子相依为命，她的智慧定能助治安官一臂之力，使他的日子过得更加宽裕。然而，现实往往事与愿违。他的妹妹，善良而坚毅的范妮姑妈，接过了母亲的角色。她是一位脚踏实地的女人，对命运的馈赠，无论好坏皆欣然接受。随着岁月流转，唯一的儿子逐渐长大，他的魅力与日俱增，天赋亦日渐显露，治安官逐渐放下了自己的个人抱负。他将自己未竟的梦想寄托在了儿子身上，期待着儿子能够实现更加辉煌的成就。于是，在儿子10岁生日的那天，治安官作出了重大决定，他放弃了多年来渴望进入州议会的政治野心，转而将时间和精力投入那不足百亩的田地上。他对范妮姑妈说："我们必须为孩子的教育攒足费用，即便你我二人余生都要过着节俭的生活。他有着成为州参议员的潜力。"治安官的判断中，唯一欠缺的便是对儿子潜力的准确评估，他将儿子的未来局限在了州参议员的位置上，殊不知，儿子的潜力远不止于此。

治安官亲自辅导这个小家伙学习。在沃林即将14岁那年的秋季，他便迈进了邻近的贝洛伊特高中二年级的门槛。每当治安官认为农事繁忙，或者法庭上没有紧急案件待审之时，父子俩便会一同驾车前往城镇。这是治安官唯一的欢乐时光。他为能与儿子共同享受来自各方的问候而感到自豪，即便是在驾驶着那辆旧式马车穿行于城镇繁华地段时，也能感受到周围人对儿子的普遍喜爱。更令人欣慰的是，在获得与老师进行短暂交流的机会后，发现每一位老师对沃林都是赞不绝口。这些不规律的进城之旅，足以让他在接下来的数周内，忘却农场劳作的艰辛，而那些在他法庭上受审的轻微违法行为者，在治安官经历这样的快乐冒险后，也会受到更加宽容的对待。

许多富有的父亲，如果能预见到自己将拥有像沃林那样值得骄傲的继承人，他们宁愿放弃自己的亲生骨肉，甚至愿意将全部财产作为代价。这个男孩仿佛天生就是为成功应对生活中的各种挑战而生。他体魄强健，动作敏捷而精准，在各种运动项目中都能游刃有余。他的肌肉仿佛由雕塑家精心雕琢而成，脸庞刚毅，深棕色的波浪发丝，深邃的蓝色眼眸，挺拔的鼻梁，以及那罕见的下巴线条，无不彰显着他的男子汉气概。他性格随和，充满勇气，思维敏锐。无论是朗诵、戏剧表演还是演讲，他都有着非凡的表达能力。他天生懂得如何礼貌待人，认为坦率，对球场和辩论台上的对手公平公正，这一切都让沃伦·沃林成为学校里的英雄，在这座小镇上，他的名字无人不知，无人不晓。

在威斯康星州，哪位少年能像他这般，剑指那枚璀璨的金牌？仅仅16岁多一点，就要面对上千双陌生的眼睛，承受教授们的锐利审视，聆听支持者们的欢呼与喝彩；既要保持谦逊，又需无所畏惧，还要做到膝不战栗，声不颤抖，更为难得的是，每个字、每个音节都铭记于心；在短短10分钟内，以他那独特的个人魅力，如魔法师般施展出摄人心魄的魔力，让听众为之倾倒，让对手慷慨地送上掌声，让中立者爆发出热烈的喝彩。

英语系的教授以尊贵之礼款待这位少年英才，翌日清晨，他邀请沃林共进早餐，既是对才华的真诚赞赏，也是为了向他发出恳切的邀请，期盼他能在秋季入学州立大学，继续他的学术之旅。

沃林手捧着那枚工艺精湛的金牌凯旋，金牌上面醒目地镌刻着他的全名，如同一枚荣誉的勋章，宣告着他非凡的胜利。在那一刻，他成为众人眼中的英雄，春风得意马蹄疾，小镇上的年轻社交圈对他敞开了怀抱，每一扇门都仿佛为他而开。他几乎完美无瑕，以至于几乎没有哪位母亲会反对他与自家女儿的交往，他的品性之好，仿佛是上天赐予的礼物。然而，正是在这里，裂痕悄然滋生。他很快意识到，凭借自己的魅力，轻易就能俘获少女的芳心，这对于一个17岁的少年而言，是一把双刃剑。

在那个下午的车站，伊娃·马丁在耳边轻声细语地为他祈祷，而伊娃·马丁的耳朵，注定会听到，先是缠绵悱恻的誓言，随后却是铁证如山的宣判。

高中生活画上了句号。大学一年级，他成绩斐然，然而大学二年级时，他却让教授们感到失望。他那颗火热的心，正同时温暖着社交圈中众多的关系网。截至目前，他的成就仅限于那枚金牌。家中节省下来的积蓄消耗殆尽。为了筹集学费，他们决定再次抵押农场，筹措到1500美元。这笔钱足以支撑他完成法学院的学业，而他急切地想要前往芝加哥。于是，第二次抵押贷款就这样签订了。

在芝加哥的生活，充满了未被治安官与伊娃知晓的秘密。沃林渴望成为一个受欢迎的人，在人们尤其是女人面前，他不懂得如何说"不"，唯恐伤及他人情感。他定期与伊娃通信，他们约定有朝一日会步入婚姻的殿堂。他不可能找到比她更优秀的女子。伊娃与寡母简单生活在一起，多年以来一直致力于经营着私人幼儿园。她计划储蓄1000美元，而他则要积攒4000美元，然后他们就结婚。

结婚以后，伊娃发现，无论是关于风流韵事还是财务上的隐瞒，沃伦对自己总是闪烁其词，显得狡黠多端。随着岁月的流逝，某些开销对她而言成了一团迷雾。当伊娃28岁的时候，她的银行账户里稳稳地存着1000美元；而他所谓的4000美元储蓄，实际上却只剩区区500美元，大部分花在了奢华蜜月旅行上。当他们返回家中——这本该全款买下的房子却背负着沉重的贷款，各种无法自圆其说的解释接踵而至。沃伦虽聪明绝顶，但他的财务状况却乱作一团，以至于伊娃起了疑心。不久之后，她发现她那看似完美的丈夫，灵魂深处竟无半点诚实可言。伊娃倾尽全力试图"纠正"他，她愿意原谅一切，但沃伦却始终不能坦诚相对。岁月流逝，"下一步会怎样？"的不确定感，甚至笼罩在她最幸福的日子里。然而，沃伦的确有才华，加上伊娃的不懈努力，他们的日子过得颇为富足。奇怪的是，尽管他口才了得，却鲜少涉足法庭，反而在催债业务上展现出了非凡的才能，逐渐成为多家重要企业处理坏账问题的首选。到35岁时，他终于清偿了所有债务。

好景不长，这种生活对他的神经健康来说太过奢侈。或许家族中存在某种神经质的遗传倾向，正如范妮姑妈的哮喘那样，那年初秋，他首度遭受花粉过敏的侵扰。多年来，他一直放纵自我，酒不离口，烟不离手，美食不断。他曾是运动健将，尽管在给孩子们做演讲时倡导锻炼，自己却从不付诸实践。于是，体内的毒素悄然积聚，他生平首次体验到身体的不适。家庭医生束手无策，唯有一些专利药物能暂时缓解他的症状。那几个星期里，他变得异常难相处。多年来，他总以疾病为由，每年在麦基诺岛度假六周。限于"财务状况"，伊娃和小儿子只能陪伴他度过其中两周。在剩余的四周里，他总是设法融入那些放浪形骸者之中。在他40岁那年的夏天，假期、麦基诺岛以及放纵的生活加剧了病情。家庭医生说服他去芝加哥寻访专科医生，成功施行了必要的鼻喉手术。尽管他生活放纵，但在随后的三年里，他奇迹般地获得了免疫力。毋庸置疑，他已成为处理坏账的行家里手，倘若他自身品行端正，成就定将更加辉煌。

一个干热的夏季，他的宿敌花粉过敏再度袭来，而这一次，他求助于芝加哥一位所谓的"专家"，即那种在报纸上大肆登广告的医生，这成为他的致命一击。这位医生给予沃林一种药剂，它既能缓解症状，又能在数小时内令他忘却所有忧愁，变得亢奋。一瓶接着一瓶，他对此药剂产生了依赖。几周后，他意识到自己已无法离开它。即使在花粉季节结束后，他依然暗中继续使用，不仅仅是因为它带来的兴奋感，更是因为它能抵御随之而来的抑郁。

沃林的助理是一位高效、忠心，却略显软弱的女士，多年来，她勤勉地操持着办公室的日常运营。近来，她逐渐察觉到事态似乎偏离了正常轨道，她不但没有收到所有的款项，还被要求篡改财务账目。面对沃林那令人难以招架的个人魅力，她无力拒绝，很快就成为做假账高手。情势急转直下，迅速恶化。外人都将其归咎于过量的威士忌，而不是可卡因，直至伊娃不得不向医生袒露内情：她丈夫生活习惯之粗鄙，对妻儿突如其来的暴戾，明目张胆的谎言，以及言语间的粗俗无礼。面对药物滥用的指责，沃林矢口否认。医生以精神失常的罪名作为威胁，准备报警把他拘捕，他才低下了高傲的头颅。

随之而来的是两个月的严格治疗。在疗养院的日子里，他的身心得以逐渐恢复。办公助理成功地隐瞒了他挪用公款的丑闻——金额高达四千余美元。康复后的沃林先生，并未彻底清算过往，而是选择将问题掩盖，向妻子编织了一个个美丽的谎言。面对债权人，他拿出疾病证明，拖延还款期限，换取了一丝喘息之机。他仿佛又变回了那个曾经风度翩翩的"老沃"，然而，这不过是短暂的假象。不久，健康的饮食与规律的运动被一场场豪宴、一杯杯烈酒和一根根香烟所替代。和无序的生活一样，他的账目再次陷入混乱。终于，曾给予他宽恕的一家芝加哥公司起了疑心，派人调查，揭开了众多未上报的收款记录。随之而来的，是不可避免的法律制裁。而他的落网，也引发了后续一系列的指控。

尊敬的治安官已经86岁了，他静默地坐在勇敢坚韧的儿媳妇身旁，共同见证了这场关乎家庭荣辱的审判。随着法庭上一项项证据的揭露，这位年迈的父亲低垂着头颅，沉默如石，仿佛遭受了命运的重击。当"有罪"的判决落下，杰斐逊法官显然经过了深思熟虑，他的每一个字都承载着法律的庄重与严肃。面对着被告席上的沃伦，法官缓缓开口："沃伦·沃林，根据法律赋予的权力，审判法官有权裁定你将面临的刑罚。我自你孩童时代便熟知你，你的父亲、你的妻子乃至上帝，都倾其所有，赐予你荣耀的姓氏，一生的忠诚，以及满满的天赋。然而，你却以耻辱、不贞和自我放纵的虚伪作为回应。你以神经衰弱和暂时的不负责任为借口，企图逃避应有的惩罚，殊不知，这一切皆是你违背正道，自食其果。真正病入膏肓的，是你那腐朽的灵魂。你已不配与正直的男女平起平坐，共享自由。你曾拥有过爱与慈悲，但你让它们蒙尘。现在，正义将给予你一次救赎的机会。看在你那位心地善良、虽遭重创却仍为你辩护的妻子分上，我将你应得的刑期减免5年。出于对你的父亲，那位虽受辱却依旧保持荣誉感的老人的敬重，再削减5年刑期。我祈祷，他能活着见证你重新恢复自由身。沃伦·沃林，我判处你在州监狱服5年苦役。"

Chapter 18

第十八章│自我的斗争

这间病房的一切都被刻意省略，室内没有常见的家具，如梳妆台、桌椅等，只有一张简陋的床孤独地躺在中央，窗户由坚固的金属栅栏和钢丝网保护，灯光隐藏在防眩光的灯罩后，地板擦得很亮，但没有地毯覆盖。这里没有挂画点缀，没有鲜花的芳香，也没有寻常女性渴望的精致摆设。在那张朴素的床铺上，坐着一个名叫玛丽·温特沃斯的女人，她的眼神充满怨恨，浑身散发着抗拒的气息。她是一位失败者，在这所特殊的医院里，她与看护者一同被隔绝，日夜受到严密监控，以防她实现那个深埋心底的自我毁灭计划。就在昨天，也就是她入院的当天，她偷偷吞下了几片藏匿的消毒药片。然而，护士敏锐的观察力挽救了她的生命。为了确保她的安全与他人的安宁，看护工作一秒都不能松懈。于是，这间四壁空旷的房间便成了她的居所，以防她做出任何可能伤害自身或旁人的举动。她的外表与周遭的环境一样，乏善可陈，甚至更甚：肌肤呈现出病态的蜡黄色，眼袋下的青灰阴影加深了她目光的呆滞；身形消瘦，面庞僵硬且充满敌意，仿佛周身环绕着一层阴冷的怨气。她对身边的事态几乎漠不关心，但偶尔掠过的视线表明，她对护理人员的存在并非全然无知。一旦开口，便是连珠炮般的恶语相向，尤其针对她的姐姐，其间穿插着恶毒的诅咒，这足以让人确信，她心中蕴藏着深不见底的仇恨——对家庭的憎恶，对秩序与权威的蔑视，对善意的敌视，对生命的厌倦，以及对未来无尽的诅咒。她就像一幅触目惊心的画卷，描绘着一颗道德沦丧的心灵，在那里，愤怒的烈火在暗处悄然燃烧，时而熊熊燃起，破坏着周遭的宁静。这是堕落的肉体与灵魂对内心良知的公然叛逆。基于法律的裁决，她被安置在这所疗养机构，旨在戒除她的吗啡成瘾，正如她哥哥所言，同时也为了矫正她所谓的"极端恶劣品行"。

这一切是如何发生的呢？温特沃斯一家曾在肯塔基州蓝草县的首府过着优裕的生活，日子过得相当体面。父亲的职业是律师，但他更热爱的是赛马。然而，当玛丽只有6岁的时候，父亲因动脉硬化而离开了人世，留下了她和成为寡妇的母亲。

温特沃斯夫人出身贵族，对家族有着深深的自豪感。她对丈夫的才华和魅力钦佩不已，总会身着古老的珠宝与精致的蕾丝服饰，定期举办盛大的宴会。事实上，她对于每日三餐的精心安排同样体现了她的骄傲。从现代医学的角度来看，如果她的菜单中没有包含过多的高蛋白食物，导致慢性蛋白质中毒，也许她丈夫的动脉硬化和她自身的致命癌症都能得以避免。她对自己的家庭同样抱有自豪之情，尽力教导两个年长的孩子，培养他们遵守一定的理想，这些理想后来转化为了一种道德观。然而，她的健康状况每况愈下，使得小玛丽很大程度上依赖于姐姐的照顾，同时也更多地被自己的欲望所驱使。遗憾的是，母亲生命的最后时光并没有留下多少美好的回忆，无法触动玛丽内心深处的爱，也无法在她12岁的心灵中留下足够的力量，去维系对逝去亲人的怀念。

当保险赔偿金到位，所有遗产分配完毕，温馨的老宅和珍贵的珠宝都被出售之后，三个孩子各自获得了5000美元。哥哥的成功却显得有些捉襟见肘。他把所有的积蓄，连同大量的应付票据，一股脑儿投入了干货行的生意中。票据上的利息像滚雪球一样越滚越大，再加上妻子对华丽衣饰的痴迷和不断的需求，使得收支始终处于入不敷出的状态。

至于姐姐，作为家中长女，她展现出了一种令人钦佩的品质。父母的病痛和离世给她年轻的生命带来了沉重的负担，但她以一种严肃、健康、建设性的方式应对这一切。她早早地证明了自己愿意为家庭做出巨大牺牲的精神。在母亲去世前，她已经完成了大学学业；家宅卖出后，她在当地一所女子学院谋得了一份教职，多年来她在那里辛勤耕耘，赢得了师生们的尊重和爱戴。当然，她并非完美，温特沃斯家族的暴躁脾气偶尔会在最不合时宜的时刻爆发，无论她如何努力工作、祈祷、牺牲和坚持，她对妹妹玛丽的管教方式却总是事与愿违，如同钢铁撞击时迸发出的火花，激化了矛盾。也许她对待玛丽更像是一个严格的教师，而非一位慈爱的母亲。

倘若命运多情，环境宽厚，玛丽本可能绽放出别样光彩。她承袭了父亲的冒险血液与波旁威士忌的豪迈，以及母亲对美好生活的无限向往，这些足以冲淡卫斯理宗信仰的虔诚。玛丽是个健康的女孩，身材匀称，灵活敏捷，乌黑的头发和灵动的眼睛无论是喜悦还是愤怒都同样闪亮。她冲动、热情、任性、激烈，聪慧且充满潜力，热爱享乐，同时对束缚总是缺乏耐心，我们看到的是一个高度发展的神经质性格。除了那些常在丰盛晚餐后出现的"可怕噩梦"，她几乎无所畏惧——这孩子本可以被引导至帕那苏斯[1]之巅，却被推向了近乎地狱的边缘！公立学校的岁月对她而言，不过是轻轻松松的过场，她的丰盈身姿、健康红润的脸庞、活泼的个性与从容的举止，如同磁石一般吸引着社区里的青年。一连串的轻率之举最终导致她被大学开除，她的放纵让她失去了那位她深爱之人的尊重。在20岁的年纪，她挥霍掉了5000美元遗产中的2000元，与姐姐之间的关系也难以调和。她对姐姐脚踏实地的生活方式缺乏共鸣，但也意识到自己需要准备自力更生，于是进入了一家位于辛辛那提的医院学习护理。她的天赋让其成为一名极富潜力的实习护士，但同时也因某些天性而屡陷困境。在经历了两年的训练后，她被解雇了。实习医生们无法抗拒她的魅力，她亦无法对他们视若无睹，深夜的食堂成了他们逃避职责的乐园，即便在人手紧缺的医院，这种行为也只能容忍到一定限度。在随后的一年里，她时而作为经验丰富的护士工作，但她的存款再次减少了1000美元，而父亲遗传给她的特质正日益显现。不同的是，取代父亲周期性酗酒的，是她周期性的头痛。她对痛苦的忍耐度极低，对健康约束嗤之以鼻，于是，她开始大剂量服用止痛药，一旦无效，便转投向了阿片类麻醉剂的怀抱。通过伪造记录，她得以进入另一所规模较小的本地培训

1　帕那苏斯（Parnassus）是希腊神话中的一座神圣山脉，位于希腊中部，被认为是文艺女神缪斯（Muses）的居所，同时也是太阳神阿波罗（Apollo）的神殿所在地。帕那苏斯山因此成为诗歌、艺术与知识的象征，对后世的文化与艺术创作有着深远的影响。

学校继续学业。在那里，她十分小心，急于完成学业，同时在药物的使用上展现出令人惊讶的狡黠。然而，对药物的依赖逐渐削弱了她的抵抗力，直至她几乎每天都要依靠某种药物来缓解那已成常态的"疲惫感"。接近两年的时间过去，她对药物的依赖终于被人察觉，随之而来的，是无情的解雇通知。姐姐得知真相后，坚决要求她前往专业机构接受治疗。500美元的花费，3个月的戒毒疗程，虽然旨在帮助她戒除药物依赖，却未能让她深刻认识到自己生活方式和情感态度的必要转变。她对自己的性格缺陷毫无认知，若不彻底改变，对她来说，安全稳定的生活将永远是遥不可及的梦想。

在随后的10年里，玛丽的身心状态如同江河日下，她的衰退之速令人瞠目结舌。她尝试了各种治疗方法，却无一能带来长久的转机。当她自愿步入一家标榜"戒毒疗养"的机构时，仿佛不幸的洪流达到了顶峰，这所机构实则成了吸毒者们的庇护所。在世界的每一个角落，都潜藏着这类不齿之地，它们不致力于患者的真正康复，只求维持现状。只要口袋里有钱，患者就能随时获得毒品的慰藉，以此自欺欺人地相信自己正在"接受治疗"，同时妄想等到身体足够强大，便可彻底告别"毒品"。在这样的江湖骗子集中营，玛丽虚度了两年光阴。她手头仅剩的1500美元，外加姐姐资助的1000美元，全部消耗在了这些虚伪的"疗法"上。在这里，她学会了与年轻医生一同"吞云吐雾"，沉迷于纸牌游戏，闲聊八卦，沉溺于吃喝睡的日常，而每当她"实在忍受不了"的时候，总能轻松获得一剂安抚的毒品。这段岁月，比虚度更为悲凉，因为她仅存的自尊也被一点点蚕食，她过着一种卑微且放纵的肉体生活。当姐姐终于面对现实，认清事态的严峻时，她对玛丽的任何复原希望彻底破灭。遵照家族老医生的建议，她将玛丽送进了州立精神病院，被诊断为无药可救的药物成瘾者。在那座医院，玛丽被果断而残酷地切断了所有毒品来源，无论她如何狡诈，都无法再获取哪怕一丁点的麻醉药物。院长深知，在他的医院，即便是条件最好的病房，对玛丽而言也几乎没有任何真正的重生希望，于是建议将她送往一家能提供特别关照的医院。只有姐姐的积蓄能为这趟旅程买单，她愿意将自己全部积蓄的四分之一用于玛丽的治疗，这份无私的付出彰显了她真挚的价值。正是在这种境遇下，我们于她被转移的次日，即她试图履行"若被迫再次接受治疗便结束一切"的绝望誓言未遂的次日，遇见了33岁的玛丽。

在这漫长的岁月里，玛丽原始的自我与她自己的灵魂进行了激烈的较量。她始终对命运的不公抱持着反抗的态度，即便这些坎坷多是由她自己一手酿成。她将生活的艰辛归咎于他人，而这股怨气，反而使她的处境雪上加霜。让人唏嘘的是，她对所有阻碍她随心所欲的人怀有刻骨的仇恨，尤其是对姐姐。玛丽无视姐姐的牺牲，反而怀着一种恶意，认为正是姐姐将她送进精神病院，毁了她一生的希望。然而，她所获得的，不过是在仇恨与诋毁中愈发深沉的痛苦。20年来，她浑浑噩噩，灵魂深处尽是苦涩，如今生命之杯中所承载的，唯有这满溢而出的绝望，而这绝望之所以更加浓烈，恰恰是因为她本性中尚存的那些美好品质。在这位天赋异禀的女孩身上，原本蕴藏着无限可能，足以引领她走向一条非凡而完整的生命轨迹。

6个月过去了，那是充满阴郁、顽固抵抗的6个月。她对抗着逐渐回归的健康，尽管这健康正悄悄重塑她的体态，让她的脸颊重现往日的光泽；她拒绝来自病友与医护人员的善意；她无视对自尊、荣誉、抱负与正义的呼唤。她的灵魂，早已疲惫不堪，她排斥医院工作人员的关怀，对姐姐每周寄来的信件置若罔闻，她拒绝融入周遭的健康氛围，对那些满腔热忱、渴望伸出援手的人们，她选择了冷漠以对。

随后，奇迹之光破晓而至！一位非凡的女性步入了这黑暗的深渊，她不仅是位护士，更是神圣与人性的完美结合，其专业素养与慈悲胸怀，使之成为真正意义上的圣洁化身。面对这位被命运捉弄的不幸者，尽管初时她也感到了被排斥的寒意，但内心的信念告诉她，在那表面的不洁之下，尚有一颗等待救赎的灵魂。作为一位勤勉且坚韧的护士，玛丽逐渐发现，自己竟在宝贵的休憩时光中，情不自禁地倾注关怀于这位病人，甚至主动要求特殊的排班，只为能与她相伴。四年严谨的医学教育让玛丽深知，这份无私的付出是何等难能可贵。她的好奇心被彻底点燃，开始尝试与病人交流一些私人话题，诸如护理生涯中的种种不平，比如训练过程中的不公待遇，超负荷的工作与认可失衡，以及生活中层出不穷的矛盾冲突。对于这些倾诉，她的护士同伴始终报以真诚的理解与回应，没有敷衍的安慰，没有虚假的同情，她总能洞察到这一切背后更高尚的理想。

在长达3个月的朝夕相处中，对护士而言，那是无尽辛劳却未获一声谢意的日子；对病人来说，则是3个月充满算计、恶意与猜忌的煎熬。终于，朋友的善意似乎触及了她的底线，一连串的暴怒与怨恨喷薄而出，对那位伸出援手的护士，她恶言相向，侮辱至极，令人心痛。就在此刻，护士紧紧握住那位不幸女子的双臂，意图唤醒她心底残存的一丝尊严，实际上，却是为了让两双眼睛能够真挚地对视。就在这一瞬，一种超越常理的爱，即使面对如此挑衅亦能坚持的爱，触动了一个迷失灵魂的深处。那一刻，泪水如决堤的洪流，似乎永久地淹没了那股正在诅咒的邪念。奇迹般的变化，在短短一日，甚至一时之间，悄然降临，那是灵魂觉醒的神圣转折。在这段漫长的时间里，自我之战犹如潮起潮落，时而激烈，时而平静，但失败的阴霾再未笼罩心头。最终，一场崇高的抉择引领着她，带着内心的平静与谦逊，回到了久别的家园。此时的她，已不再是昔日那个自私自利的女子，而是心中充满对姐姐无尽感激的重生之人。姐姐的善良与包容，是她从未真正认识的宝藏。

在接下来的数月里，自我挣扎与觉醒交替上演，但失败的阴影已渐行渐远。最终的凯旋，是她带着崇高的决心重返故土，蜕变为一位宁静、谦逊的女子，心中满是对那位未曾言谢的仁慈天使的感激之情。岁月悠悠，这对姐妹并肩生活、携手同行。玛丽，这位曾迷失于自我深渊的女子，如今正以主人的身份打理着这个朴素的家，她勤俭持家，辛勤工作，全心全意，甚至在日常琐事中也流露出丝丝温情。尽管她尽量避免置身于公众视野，但在每一次紧急时刻，她总是毫不犹豫地挺身而出，以她专业的护理技能，为他人带来希望与慰藉。她以高尚的情操弥补着往昔的过错，早已赢得了内心道德法官的赞许"干得好"，这是她当之无愧的褒奖。

Chapter 19

第十九章｜自怜的痛苦

阿勒克·麦克雷迪并非水上行舟的好手。身为一个魁梧健壮的男子，他的人生至今可谓一帆风顺，自信心从未遭遇过重创。然而，在这个六月的午后，当他试图驾着小船，载着美貌的安妮特·尼尔穿越湖面，前往她口中的钓鱼胜地时，却意外地陷入了困境。他已经两次不慎将她那件精心熨烫的精致裙装溅湿。而每次笨拙的失误后，她都会报以犀利的目光，那目光中既有对他的责备，又带有某种令人着迷的魅力，仿佛一把锋利的剑，刺穿了他的自尊心。他们原本计划在夕阳西下时携手垂钓，而后驱车前往边境参加舞会，最后众人一同返回日内瓦小镇。

　　阿勒克在英格兰北部乡村长大，虽然拥有诸多值得称道的才能，但划船显然不在其列。小船仿佛故意与他作对，不仅不肯直线前行，速度也慢得出奇。那张美丽得近乎挑衅的面孔，那双灵动闪烁的眼睛，既调皮又纯真，透着洞察人心的智慧。他在心中暗自赞叹："真是个绝色佳人！"这股惊叹促使他加倍努力，试图征服这片水域。他奋力挥动船桨，动作却不甚协调。一次猛烈的摇摆，那支老旧的船桨竟不堪重负，咔嚓一声折断了！他猝不及防，从座位上摔倒。而命运似乎格外偏爱捉弄这位陆地上的雄狮，另一支桨也在混乱中脱落，消失在水面。此刻，他们距离岸边足足有1英里之遥，只能无助地随波漂荡。

阿勒克·麦克雷迪拥有苏格兰与英格兰血统，他的家族曾为英国政府执行过数项重要合约，其中一项更是将两个儿子送到了遥远的加拿大。在家族的全力支持下，他们在美国纽约州北部地区承接了多项建设工程，目前正忙于建造一条穿越日内瓦的铁路。阿勒克已在该地监督工程长达两个月，他外表俊朗，肤色红润，金发碧眼，处理事务时雷厉风行，社交场合下则风趣幽默，浑身上下无不散发出年轻人特有的傲气。迄今为止，他的每一项要求，都能得到满足，几乎没遭遇过拒绝。

安妮特·尼尔的父亲经营着一家小杂货铺，而安妮特则几乎包揽了店铺里的所有事务。毫无疑问，她是日内瓦镇上最美的女孩，她的美貌几乎无可挑剔。尽管受到小镇生活的一些局限，但她头脑敏锐，反应机智，直觉精准，同时，她又像个小妖精一样，既羞涩又善于撩拨人心。阿勒克第一次与她交谈，是以顾客的身份。她的话语在不经意间挑起了他的兴趣。直到第二天清晨，当剃须刀贴在脸颊上时，他才猛然意识到，她的回答中蕴含着一丝不易察觉的挑衅。这番领悟激起了他的斗志。次日，他重返小店，本意是再次购物，却不慎流露出了一丝居高临下的姿态。阿勒克·麦克雷迪先生很快便意识到，这位美国姑娘已经在他的心中占据了特殊的位置。离开小店时，他半句话也说不出口，心中满是复杂的思绪。他不愿就此认输，输给这位"美国小辣椒"。于是，他构思了一系列语言攻势，企图让这位乡野间的美人认清现实。结果，他意外地发现，她对于他的每一次进攻，都有不下十余种巧妙的反击策略。在长达两分钟的尴尬中，他不禁开始怀疑，自己是否真的如她所暗示的那样，是个"笨蛋"。随着一次次的造访，几乎每日一次，即使内心无数次地抗拒，他却无法否认，两人之间的身份差异正在逐渐缩小。不久，他发现自己竟然登门拜访了安妮特的母亲，起初态度颇为拘谨，但随着时间推移，他开始谦卑地请求这位迷人的女孩的陪伴。然而，这位狡黠的小妖精，即便母亲默许，依旧坚决拒绝成为他的"伴侣"。这次横渡湖泊的旅行，是这位小妖精的首次让步，而他却将这难得的机会搞砸了！他不擅长水上活动，失去船桨后，顿时变得手足无措，心中充满了恐慌。正当他准备第二次大声呼救时，安妮特那双嘲讽的眼睛，如同一道无形的命令，让他的呼叫戛然而止。

小船在湖面上缓缓飘荡，六月的晚风十分轻柔。太阳躲进了绚烂的云层背后，那些云朵仿佛画家的调色盘，从柔和的粉彩过渡到淡雅的中性色，变幻莫测，美不胜收。就在他们靠近岸边时，一轮硕大的金黄月亮从东方升起，月色皎洁，湖面仿佛被撒上了无数颗银色的星星，闪烁跳跃，如同仙境。湖水轻吻着小船的边缘。不远处，一只水边的母鸟正对着它的伴侣轻道晚安。月光如水，为面庞披上了一层柔和的光环，而那双深邃的眼睛，仿佛夜晚交响乐中最为动人的一章，静静地凝视着他的脸庞。关于那一刻他究竟说了些什么，后世流传着多个版本。他承认，自己从未这般笨拙过。但遗憾的是，他们错过了与朋友们的聚会，也错过了那场期待已久的舞会，最终选择沿着湖边徒步回家。这位出身贵族的骄子，此刻却甘愿向他未经雕琢的王后低头。

就这样，阿勒克与安妮特步入了婚姻的殿堂。他们携手旅行，先是前往加拿大，随后又远赴英格兰。安妮特的美貌与她对服饰珠宝的独到品味，如同一把锋利的剑，一举打破了麦克雷迪家族原本对外国新娘的偏见。他们在英格兰北部的大宅中共度了10年时光。其间，他们生了一男一女，都继承了父亲的金发碧眼。然而，麦克雷迪家的男儿们并未能延续家族在工程领域的辉煌成就。父亲去世后，一次惨重的合同损失，几乎耗尽了家族的财富。兄弟三人因责任归属问题争执不休，最终阿勒克带着家人回到了美国，定居在罗切斯特。他们用所剩不多的资金投资了一家小型制造公司，但这笔投资并未能让他们过上以往那种优渥的生活。不幸的是，尽管阿勒克在很多方面都表现出了坚强，但他有一个致命的弱点却日益明显。每年，他都会三四次前往多伦多或纽约，放纵饮酒，挥霍无度。然后，他回家恳求安妮特不要责备。在两个孩子中，小阿勒克将父亲的弱点放大了数倍。他一事无成，除了空洞的夸夸其谈，别无建树。而夏洛特则截然不同，她温婉、好学，也许略显严肃，但非常认真负责。她的容貌既不像父亲也不像母亲，却有着一种独特的精致与高贵。15岁那年，她的父亲在一个中西部不起眼的旅馆中离世，他生前并未续缴保险费用。孩子们的母亲，立刻开始了新的生活，她制作的绣品精美绝伦，令人叹为观止。为了维持生计，她变卖了一些家中珍藏的古董家具。在接下来的五年里，她几乎变卖了所有的珠宝首饰，只为保证孩子们能够继续接受教育。她全心全意地投入家庭中，无论未来的日子如何艰难，她的笑容从未消失，只有在谈及丈夫时，她的眼中才会闪过一丝不易察觉的忧伤。

夏洛特渐渐展现出她独特的魅力。她身材纤细，皮肤白皙，典型的英国人特征一览无遗；她与浓妆艳抹、深色秀发的母亲形成了鲜明的对比，然而，母亲却仿佛只是她的姐姐，因为她保养得宜，保持着青春的活力。夏洛特时而情绪低落，这或许是家族遗传的痕迹。经济压力迫使她选择了更为实际的学习方向；她学习了速记，并幸运地在约翰·埃文森的公司找到了一份办公室工作。约翰是这家正在蓬勃发展的皮革制造公司的资深合伙人，这位忙碌的商人被这位安静、时而略带忧伤、容貌端庄且能力出众的女性深深吸引，这种吸引逐渐在他心中生根发芽，化为一种深深的渴望——于是，某个夜晚，他鼓起勇气前去拜访。后来他说，如果不能娶夏洛特，他愿意娶她的母亲。说实话，正是她的母亲为这段感情注入了最初的火花。

当夏洛特踏入那座宏伟宅邸的那一刻，理应是她幸福满溢之时。她母亲的到来如同锦上添花，这位贤淑的岳母无疑是家中的一抹亮色，其温婉智慧与体贴入微，令每一个角落都洋溢着欢声笑语。约翰·埃文森慷慨地给予小阿勒克一份体面的工作，尽管后者从未真正胜任，却也自得其乐。在随后的两年里，夏洛特以她那静谧如水的温柔，倾注于家庭的每一个细节。约翰·埃文森，一个品味朴素、理性至上的男子，在商场上则是一位锐意进取的斗士，面对激烈的竞争，他总能以敏锐的洞察力和坚韧的意志脱颖而出。多年的辛勤耕耘，让他的事业蒸蒸日上。步入不惑之年，婚姻为他的人生画卷添上了温馨的一笔，新家成了他心灵的港湾。而夏洛特的母亲，更是以其独特的魅力，成为家中不可或缺的灵魂人物，她那机智的谈吐、精致的生活态度及无微不至的关怀，让这个家倍感温馨。

然而，命运似乎对夏洛特开了一个残酷的玩笑。在宝宝降临前夕，病魔悄然来袭，夺走了他的生命。一场漫长的病痛折磨随之而来，手术之后，尽管医生宣称她已无恙，夏洛特却始终无法释怀。两年的时光，她在半隐居式的养病生活中度过，尽管少有怨言，但内心深处的痛苦却如影随形，挥之不去。失去孩子后，她仿佛失去了奋斗的动力，总是感觉疲惫，生活虽然优裕，精神上却陷入了一种无力挣扎的境地。

科宁医生对此困惑不已，夏洛特是否有一种隐匿的病症，是他未曾察觉的？他决定求助于纽约的知名内科专家，希望获得新的见解。然而，一番详尽的检查并未揭示任何有益的线索。夏洛特的母亲麦克雷迪夫人选择了耐心与理解，避免与女儿深入探讨那些令人伤感的话题。在她看来，夏洛特正默默地承受着对那位未曾长大的小天使的思念，这份哀伤如同无形的枷锁，禁锢了她的心灵。面对女儿的困境，麦克雷迪夫人与女婿进行了无数次焦急的交谈，试图寻找解救之策。夏洛特外表看似无恙，甚至体重达到了历史最高点。约翰，这位深情的丈夫，对妻子的爱从未减淡，他既怜惜又焦急，渴望能够分担她心中的重负，哪怕只是分毫。他悉心观察着夏洛特的情绪变化，每日精心挑选礼物，从书籍到鲜花，从衣物到珠宝，甚至是小动物的陪伴，只为博得她一笑，希望能驱散她心头的阴霾。然而，音乐会、剧场演出乃至家庭音乐盛宴，却只换来她一句"让我感到神经紧张"的回应。

麦克雷迪夫人深信，夏洛特内心的困扰源自那份未得满足的母爱，于是她提出了一个充满希望的建议：领养一个孩子。这个想法确实为夏洛特带来了新的动力。数月光阴，她悉心筛选，希望寻找到一个各方面条件均能满足的孩子。最终，他们发现了一个9个月大的女婴，这个孩子不仅有望长成与养母夏洛特相似的模样，而且还将拥有来自父母双方的"可观的遗产"。对于这个孤儿和渴求母爱的夏洛特而言，此次领养堪称天作之合。夏洛特投入了大量精力，为这个小生命准备一切。孩子的到来带来了新的挑战，比如寻找合格的保姆，规划睡眠时间，以及制定安全的喂养方案——但这一切忙碌却让夏洛特的精神面貌焕然一新。

然而，与此同时，麦克雷迪夫人的健康状况却在悄然下滑。数月来，她的体重持续减轻，却未曾吐露半句怨言。约翰·埃文森终于意识到问题的严重性，坚持带她进行全面体检，结果却揭示了一个无法逆转的疾病。消息如同晴天霹雳，夏洛特瞬间陷入了崩溃。原本为照顾母亲而聘请的专业护士，却发现自己大部分时间都在应对夏洛特日益增长的需求。夏洛特的焦虑与日俱增，她开始在丈夫工作时间频繁召唤他回家，担忧母亲病情恶化；或是因为母亲的面色让她担心会突发医生曾警告的出血症状，又或者是为了讨论母亲去世后他们将如何应对。日子在担忧与等待中缓慢流逝。这位伟大的母亲直到生命的最后一刻都在努力保持乐观，散发着温暖的光芒。然而，当死神的阴影逼近，恐惧的统治也随之开始。刺激性和镇静药物似乎成了防止夏洛特精神"崩溃"的必要手段。整整一个月，约翰·埃文森未曾踏足办公室半步；多年间，他白天要随时待命，夜晚则被无情的呼唤打断休息。没有任何护士能够完全胜任他的角色。似乎夏洛特的"心脏"问题最为棘手。科宁医生的直言不讳让夏洛特感到不适——她坚持认为科宁医生并未真正"理解"她的病情。相比之下，温顿医生则显得更加"善解人意"。他是社交圈内多位名媛的私人医生，擅长倾听与安慰，懂得如何在病人需要时提供恰到好处的理解和支持。他从不轻易建议患者接受"风险高的手术"或使用"难以下咽的药物"，也不过分强调严格的饮食控制和过度的体育锻炼。

当夏洛特步入婚姻殿堂时，她如百合般纯洁美丽，身形轻盈，体重仅为116磅。然而，母亲离世5年后，她的面容虽仍红润，却难掩疲惫之色，体重更是飙升至168磅。她仿佛集所有神经官能症于一身：血液循环不畅、消化功能紊乱、呼吸困难、食欲不振、夜不能寐，对穿堂风与噪音尤为敏感，甚至对汽车尾气的气味产生了强烈的排斥，这最后一点尤其令她不堪重负，时常引发眩晕，关于她的昏厥，简直可以编撰成一部厚厚的史册。约翰·埃文森的家，如今笼罩在一片沉重的阴霾之中。这是一个围绕着自怜女人而运转的家庭，她认定，父亲、孩子和母亲的相继离去，"已将她的生活彻底击溃"。丈夫、女儿、护士和仆人们，全都生活在她那无尽自怜的阴影下。多年以来，所有的教会活动和社会交往都被搁置，亲戚朋友也无法招待，因为每个人都需全神贯注，以防她突发症状，同时还要尽力分散她对过往悲剧的沉思，避免她沉溺于命运的凄凉。

埃文森先生的事业因此备受冷落。他对病态且日渐自私的妻子的深情厚谊，使他错失了诸多良机。他的神经同样承受着无休止的压力。他是个思想严肃、缺乏想象力、诚实正直的人，从未想过妻子所谓的"疾病"，其实不过是灵魂深处的病痛。养女在这个家庭中成长，四周弥漫着一种不自然的压抑氛围，充满了虚假的同情与对养母自私弱点的不健康纵容。温顿医生建议了多种舒适且富有乐趣的疗法，然而，埃文森家的生活却愈发扭曲。终于，约翰意识到自己正遭受着严重的损失——他必须寻求改变。或许是出于某种潜意识的指引，他邀请了温顿医生同行。他们共同度过了两周在缅因州森林中的狩猎与垂钓时光。约翰试图深入接触这位医生背后的真我。很快，医生感受到了同伴身上流露出的男子汉气概。在一次艰辛跋涉后的短暂休息中，两人刚经历了体力的极限挑战，此刻正享受着完美身体放松带来的愉悦。两位男性之间的关系已变得相当亲密。在这两周里，他们未曾提及任何与工作相关的话题。

"医生，请如实告知我妻子的状况吧。"

医生沉默了许久，目光深邃，仿佛在衡量言语的重量。"这事说来不轻松……讲出来也颇为艰难……你可能并不想听。你很可能不会接受我即将说的话……你甚至可能会感到愤懑。"

"请直说吧，你知道我和我的家人多么迫切地需要了解真相。"

医生语重心长地说："你的妻子，她患的是一种特殊的'麻风病'！不过，这并非肉体上的病痛，而是灵魂深处的麻风——自我怜悯的病。它起源于她父亲的离世，随着时间的流逝，这病愈演愈烈，被她母亲和你无私的关爱所滋养，又被像我这样的医生开出的安慰剂所纵容。我早早就意识到，她不愿意为彻底治愈付出代价——那种代价是需要她去努力生活的。她那曾经理解他人的心灵已经退化。她坚信自己健康的身躯是有病的。她的理智被疾病执念所蒙蔽；她的意志被纵容成了自私的怪胎。她接受了自私虚伪的建议太久，以至于现在她被谬误所吸引，而对真理感到排斥。我唯一看到的解脱之道，就是让她彻底陷入疾病不存在的自我欺骗之中。如果她能接受这个错误，她将会变得比现在更加痴迷于超越自己的痛苦感受。换句话说，她情感上生病了。"

他们详细讨论了一些具体方案。这时一位女性出现了，她对可怜的夏洛特产生了兴趣。起初进展缓慢，但就像发酵的酵母，慢慢开始发挥效力。有一天，搬运工从埃文森家搬出一个大箱子，送往当地医院。箱子里装着曾经属于一个病人的各种器具。一名护士失去了一个长期照顾的病人。如今，在埃文森家中，所有关于疾病的讨论都被禁止。这里不再是私人疗养院，而是弥漫着一抹愉悦的余晖，那是安妮特——美丽且精神高尚的母亲留下的美好回忆，她虽已离去，但光芒依旧闪耀。

Chapter 20

第二十章｜幸福的真谛

耶纳尔家的老宅常年笼罩在灰暗之中，显得格外破败。8岁的女孩小艾琳，此刻正遭受病痛的折磨。医生前一晚忧心忡忡地说，如果她侧腹的剧痛不能缓解，恐怕得进行手术。而艾琳心中竟生出了异样的愿望，她恳求医生施行手术，并在心底默默祈求，在手术台上静静离去。她已厌倦了人世，比起与上个月父亲迎娶的新母亲共度余生，她更愿魂归九霄。大姐早已远走高飞，她逃离了这个家，与蒂姆·谢尔比喜结连理，过着安稳的日子，哪怕父亲与谢尔比家结怨多年。而艾菲阿姨自艾琳生母离世后，便如同母亲般呵护着她。艾琳刚出生，生母便撒手人寰。艾菲阿姨总是在她耳边诉说着生母的故事，教会了她如何去爱。艾菲阿姨亦曾努力留下，但在新母亲当众质问父亲为什么家庭负担如此沉重时，她选择了离开。

　　就在艾菲阿姨离去的那个夜晚，继母告诉艾琳，用卷发纸打理头发是不妥的。面对即将在学校登台表演的艾琳，她恳求着"只此一次"，继母却无情拒绝，艾琳满心失落，泪眼婆娑。继母用力地摇晃她，那一刻，艾琳仿佛感到侧腹有什么东西被生生撕裂。艾琳从未有过如此强烈的恨意，但她深知恨意乃罪恶之源，因此，她虔诚地祈求真正的母亲能来接引她，以免她成为罪孽之人。然而，即使她不断祈求，每当继母接近，她都会不由自主地躲避，每一次被触碰，都会让她寒意顿生。她无法吞咽继母送来的食物，每当想起继母，疼痛便会加剧。父亲与他的新婚妻子仿佛变成了陌生人。她感觉自己就像一只受伤的野兽，孤苦伶仃，无人疼爱。

继母耶纳尔夫人曾是一位久居闺阁的独身小姐。她的性情并不易于与人亲近，多年来，她总是与工作繁重、脾气暴躁的母亲进行无休止的争吵。她吝啬于付出爱，也同样难以接受别人的爱。

在洗碗、料理家务或是照料孤独病弱孩童的日常琐事上，耶纳尔夫人处理这些事情的能力颇为低下。因此，在艾菲阿姨和大姐姐这两位勤劳的助手相继离开之后，耶纳尔家中的事务逐渐陷入了一片混乱。

对于艾琳而言，康复之路漫长而艰难，但家务劳动却意外地成了她重拾生机的转机。新母亲的教会活动占据了她大部分的时间，留给家庭的只剩一些迫不得已的必要事务。艾琳逐渐成长为一位出色的小帮手，她本应享受到模范孩子应得的所有荣誉与快乐。她干活利落，动作迅速，做事高效，学习优异，身体日渐强壮，拥有着一种罕见且迷人的健康光彩。然而，自艾菲阿姨离去的那一刻起，她内心深处的平静便荡然无存。

毫无疑问，艾琳是不幸的。她有着一颗敏感而脆弱的良心，它仿佛一位严厉的审判官，时刻审视着她的言行，时常发出苛责之声。无论她多么忠诚地履行职责，她的内心总是充满挫败感和愧疚感。每当她哪怕只是短暂地忽略了家务或学业，去参加教会聚会或班级郊游时，她的良心，通常还有她的继母，便会如影随形，无情地责备她。在14岁那年，她开始感受到被病态的良心束缚的寒冷阴影。继母外出两周，参加教派的集会，这让艾琳感觉似乎有了比平日更多的自由时光。于是，她向牧师倾诉了自己的困扰。他是一位善良的人，但显然不是灵魂的疗愈大师。他似乎并未洞察到她深层的问题——那个每日刺痛她敏感心灵的真实困扰，而是提出了许多问题，她的回答让他确信她已经完全准备好加入教会，他明确建议她这么做，相信这样她就能找到她所追寻的内心平静。因此，她毫不犹豫，甚至在继母归来之前，也未征询她的意见，便听从了牧师的建议。不幸的是，她忙于生计的父亲对任何人的灵魂救赎都漠不关心。从此，耶纳尔夫人把艾琳当作宗教上的下等人看待。高中生活带来了更多的学业压力，却少有娱乐放松的时光。艾琳18岁那年，事业屡屡受挫的父亲因动脉硬化而突然离世，除了债务，留下的就只有一栋被抵押的房产。因此，艾琳开始从事簿记工作，不到20岁，她就获得了一家银行的一个职位。凭借自己的才能、品德以及认真的态度，她多年来一直坚守着这个岗位，独自支撑着自己和继母的生活。对艾琳而言，无忧无虑的时光少之又少。她的良心就像一位面容严峻的守护神，她永远看到一把燃烧的利剑横亘在通往欢乐的道路上，阻挡着她前行的脚步。

艾琳任职银行的总裁，同时也是教会中的一位长者。尽管他的心思大多被商业事务占据，但他偶尔也会对员工展现出关怀的一面。在艾琳23岁那年的盛夏，他亲切地询问她计划如何度过即将到来的两周假期。

她轻声答道："我没有打算离开惠灵市。"天气虽然炎热，但她有一大堆缝纫工作等着完成，而且，如果她能再坚持两年，省吃俭用，那笔沉重的房贷就能一笔勾销。交谈中，银行家敏锐地捕捉到了她手指与唇边的细微颤动，那透露出她内心的紧张与压力；同时，他也注意到，经年累月的操劳，已经悄悄侵蚀了她外表上的那份镇定与坚韧。

教会决定派出三位代表参加为期两周的肖托夸大会[1]，而艾琳·耶纳尔竟与牧师的配偶克拉姆太太以及马修·雷诺兹一同入选。马修是一位正在深造的神学学子，正受教会的资助，寄望未来能够成为教会的栋梁。艾琳即将启程前往肖托夸，往返的交通费用将由教会承担，这无疑是一份殊荣！教会中几位德高望重的成员一致认为，这是她义不容辞的责任，而银行总裁更是慷慨大方，亲手签了一张20美元的支票。于是，艾琳踏上了她人生中的首次"开眼"之旅，这是她首次离开惠灵市，踏入这个广阔而繁华的世界，或许听起来有些不可思议，但这正是她梦寐以求的场景。谁能比马修更加善解人意？又有谁能比克拉姆太太更加体贴入微，更懂人情世故？她那朴实、慈祥的心灵早早地捕捉到了这段旅程中潜藏的浪漫情愫。而亲爱的克拉姆太太巧妙撮合，马修则表现得异常敏锐，

1　"肖托夸大会"或"肖托夸集会"（Chautauqua Assembly）起源于19世纪末的美国，最初是在纽约州的肖托夸湖畔举行的一系列教育和文化活动。肖托夸运动（Chautauqua Movement）提倡终身学习和社区教育，通过讲座、音乐会、戏剧表演和讨论等形式，旨在提升公众的教育水平和文化素养，促进了成人教育和公共演讲的发展。这一运动后来扩展到全美各地，成为一种流行的社会和文化现象。

至于艾琳——她仿佛置身于梦幻的云端之上！这段经历宛若一部以幸福结局为尾声的故事书，可惜啊！如果马修没有那么敏感，事情本可以沿着既定的轨迹平稳发展。原来，在匹兹堡有一位女孩，不幸的是，这位年轻的神学学生已经对她许下了终身的誓言。然而，艾琳确实是一个极具魅力的女子。实际上，马修在旅行的第三天，当她那健康的肤色开始散发光泽时，他坦承，她甚至比他的未婚妻更加迷人，而且她身上散发着一种清新脱俗、远离尘嚣的独特气质。克拉姆太太对马修的情感纠葛一无所知，而他那专注的眼神、温柔的话语与举止，让克拉姆太太坚信，一切都在朝着她所期盼的方向前行。因此，她满怀信心，在第二周之初，大胆地表达了自己的见解，认为艾琳几乎是无可挑剔，是成为牧师妻子的绝佳人选，对此，马修毫不犹豫地表示了赞同。

周三的下午，日程安排得颇为宽松，克朗姆太太便筹划了一场简短的郊游，她深谙年轻人的心性，此次出游将为她心中构想的美好结局铺垫契机。他们之前已共同漫步过数次，而克朗姆太太谦称自己的体力稍显不足，难以徒步全梅菲尔德，但对于年轻力壮的他们而言，这将是一段惬意的午后旅程。她计划坐船先行下山，随后众人可以一同返回，共赏水上风光。

马修的确表现得异常殷勤，给予艾琳的关注与照顾，是她从未体验过的。数日来，她沉浸在前所未有的幸福之中，那是自她8岁以来第一次真正感受到的喜悦。她对即将到来的未来充满了醉人的憧憬。克拉姆太太与她分享了关于马修的一切，包括他在学院里的卓越成就，以及他那温和而敦厚的品性。午后，酷热难耐，他们缓缓前行，遇到树荫便停下脚步，享受片刻的凉爽。然而，正当他们沉浸在这份宁静中时，西方的天空突然涌起了滚滚黑云，一场夏日的雷雨骤然降临。他们奔跑着寻找庇护，马修搀扶着她，但滂沱大雨几乎让她视线模糊，不慎绊倒，并扭伤了脚踝，疼痛难忍，她或许甚至一度陷入了晕厥之中。马修惊恐万分，一时间手足无措。在她苏醒的那一刻，是他搓热她的双手，焦急地呼唤着"亲爱的艾琳"，她那混沌的感官、湿漉漉的衣裳与剧痛的脚踝，交织成了一幕无法言说的混乱，却也蕴含着难以言表的欢欣。而她则伸出手臂，将他紧绷的脸颊贴近自己，那份"可恶而甜蜜的幸福"竟然延续了一分钟之久。然而，幸福的瞬间戛然而止，他猛然挣脱，近乎粗暴地推开她的臂弯，"这是错误的，你让我犯下了罪孽！"他口中喃喃道。

"这是错误的，你让我犯下了罪孽！"这句咒语般的话语，犹如烙铁一般，深深地灼烧着她的良心，残忍地谴责着她。她泪流满面，却对匹兹堡的那个女孩一无所知。她只知道，自己跨越了界限，诱惑了一个正直善良的男人；她将他从崇高的宗教信仰中引诱出来，而她那被烙上耻辱印记、病态的良知，证明了她对自己的心灵和肉体都是一种腐蚀。

恍惚间，深受创伤的艾琳回到了那个缺乏温暖的家。数月光阴流逝，她的双手仿佛机械般运转，维护着家的整洁，在银行里默默工作。我们不禁思索，这位如此敏感的女子，是如何在长久的时间里，抑制住内心崩溃的冲动。或许，是她那坚强的体魄与训练有素的意志，凭借着惯性，支撑着她继续前行。然而，内心的崩溃终究无法避免。自我谴责与自我贬低，孕育了虚假的自责。她开始质疑自己所做的一切的价值。她不得不反复核对数字的总和，即便是计算器显示的结果，也需要她再次验证。夜晚，她从梦中惊醒，质疑自己账目的准确性，工作变得迟缓，而且错误频出。无论是身体上的劳作，还是心理上的负担，对她而言，都成了一种无法承受的重压。即便是往返银行的日常行走，似乎也在不断消耗着她那日益衰弱的体力。她拒绝了雇主提出的休假建议。

一天早上，耶纳尔夫人召唤了邻近的医生，因为她无法唤醒艾琳。医生发现，艾琳的睡眠质量已经恶劣到需要从药房购买安眠药的地步。从未服用过药物的她，很容易受到影响，普通剂量的药物让她在接下来的24小时内处于混乱状态。在耶纳尔夫人的陪伴下，艾琳在家休息了两周，但这并未让女孩的身体状况有丝毫好转。银行家与医生进行了深入的交流。他们一致认为，艾琳必须离开这个家。银行家有一位医生朋友，这位朋友的经济条件优越，多年来一直在研究神经紧张问题。他在俄亥俄河畔拥有一处风景优美的居所，用于接纳少数值得帮助、患有神经衰弱的病人。他以专业医生的技能深入他们的生活，以父亲般的理解去关怀他们。在这个充满关爱与理解的氛围中，银行家将艾琳送到了这里。

将近20年的光阴，这位极度敏感的女孩几乎未曾感受到多少理解和同情的温暖。最初的几周，她只是静静地休养，仿佛在积蓄力量。然而，一个夜晚，她似乎突然鼓起了勇气，又像是命运的自然流转，她向医生倾诉了自己的故事。在那一刻，她生命中的缺憾显露无遗，那是一个需要人类学家深入剖析的问题。是应该引入些许有益的放纵，是诚实与公正对待自我的救赎之道，还是通过接受自身价值来中和自我否定的阴霾？有时，正是我们的弱点，成为治愈的契机。当医生揭示她对继母长久以来的不满时，找到了她自我指责的理由。医生这样对艾琳说："一个证明了自己局限性的女人，应当以慈悲之心评判她。"

医生深知人性的复杂，他向她说明白，她在与马修的关系中，完全没有任何不当之处，她自发的行为不可能对任何正直的男士造成哪怕一丁点的伤害。他的话语充满了帮助与慰藉，但毫无疑问，最大的帮助源自他未曾言说的影响力——他那深思熟虑的个人关怀，以及洞察人心的善意。艾琳与他们，医生和他的同样善良的妻子，共度了3个月的时光；当她再次回到家时，整个人都容光焕发。

岁月悠悠，时光荏苒。在第一次世界大战期间，当训练有素的人才稀缺之时，这位重获新生的女性担任了出纳员，并领到了相应的薪酬。房屋的抵押贷款已经全部偿清，两位女性共居于这座温馨的小屋之中。年长的那位，虔诚之心未曾稍减，依旧定期参与教会的活动。岁月早已悄然磨平了她性格中些许尖锐的棱角，使得她的形象不再那么拒人千里。而年轻的那位，依旧光彩夺目。自古以来，人们一直在努力地追寻幸福，而这两位女性，却在平凡的生活中，悄然悟得了幸福的真谛。

Chapter 21

第二十一章 │ 灾难造就性格

斯科特祖父不仅是一位铁匠，更是一位天赋异禀的机械修理工。在沃伦小镇的初创时期，他凭借一技之长，成为镇上唯一能够熟练修理缝纫机、修复钟表，乃至为破损的富兰克林取暖器制作替换铸件的工匠。他是一位体魄健硕、面颊红润的老者，一生在宁静中度过，直至安然离世。戴维是家中唯一的儿子，自幼体魄强健。或许正因为姐姐众多，他拥有更多的行动自由与特权。他自小便展现出一种坚韧不拔的特质，这种特质伴随他的一生，象征着目标明确的力量，以及有时近乎固执甚至略显冷酷的意志。他的父亲曾怀揣一个梦想：希望自家的铁匠铺能逐步壮大，发展成为一家工厂，雇佣上百名员工，为国家贡献力量。然而，对于他的一生而言，这梦想终究只是空中楼阁。他的儿子戴维却继承了父亲未曾享受的教育与机遇。事实也确实如此：30岁时，戴维·斯科特已在机械工程领域接受了全面的教育；40岁时，他对缝纫机的改良，为他赢得了一项宝贵的专利；50岁时，他的工厂规模已是父亲当年构想的十倍。就这样，先辈的梦想在下一代手中得以实现。

　　戴维·斯科特先生在商界取得了骄人的成就。但作为父亲，他

185

又有着怎样的表现呢？他在28岁时步入婚姻殿堂，妻子是一位美貌非凡的女性，对仪容要求甚高，这种态度也间接影响了对三个孩子的教育与培养。小戴维，或者说"戴夫"，这是为了与父亲区分而自幼便称呼的名字，深受母亲的宠爱，尽管有相反的迹象，他依然是父亲的骄傲。当戴夫尚为稚龄之时，全家迁徙至克利夫兰。父亲生性不愿受拘束，于是，凭借罕见的远见，购置了梅菲尔德高地的一部分旧农场。无论是这里，还是在祖父的住处，每年夏季，戴夫都会被送至乡间，广阔的户外空间滋养了他健壮的四肢。他一头卷曲的铜红色秀发如同跳跃的火焰，深邃的蓝眸如湖水清澈，皮肤白皙，这样一个孩子，自然成为了母亲、老师，乃至后来的少女们的宝贝。他那迷人的个性与内在的高雅，仿佛与生俱来，即便在放松警惕、失去责任感的瞬间，也鲜少褪色。

戴夫的母亲是一位充满自豪感的夫人，她为丈夫事业上的辉煌成就感到骄傲，也为自家那座令人艳羡的豪宅与庄园而自豪，更为自己及美丽动人的女儿们而欣慰，尤其引以为傲的是戴夫——家族中最光彩夺目、英姿飒爽的一员。遗憾的是，尽管她尽情享受着财富带来的欢愉与财富背后那份深厚的母爱，却未能完全领略到她所珍视的一切所带来的全部快乐。骄傲、衣饰的追求、财富的累积、体育锻炼的缺失、在三月凛冽寒风中的不慎受凉、自身免疫力的不足、最终竟然导致了一场严重的肺炎！——短短七天，夫人的生命之花便悄然凋零。

彼时，戴夫年仅14岁，即便是在备受溺爱的环境中，他仍做好了步入圣保罗中学的准备，那一年的秋风送他踏上了求学之路。他的学业成绩斐然，堪称卓越。数学、科学和历史对他而言几乎信手拈来，而在语言学习方面，尤其是在英语上，他投入了远超课程要求的精力，自学成才。

在戴夫的心中，父亲就是一位无所不能的英雄，多年以来，他总是毫不犹豫地遵循父亲的意愿。倘若这位长者能深入洞察儿子的性格特点，并以他一贯的睿智与全面的态度参与到儿子的成长中，父子二人定能构建起一种亲密无间的纽带，让斯科特家族在制造业的舞台上熠熠生辉，成为一个不可忽视的存在。

父亲的事业蒸蒸日上，甚至超越了他最初的梦想。忙碌的工作几乎占满了他的所有时间，除了圣诞节假期，他鲜有机会与儿子相聚。于是，戴夫的成长更多地受到了母亲对艺术与美的熏陶，而非父亲车间里的钢铁现实；艺术之美在他的成长轨迹中占据了主导，渐渐取代了父亲那务实生活的一面。

多年来，家中的餐桌上总不乏美酒佳酿。斯科特先生只在家中小酌，且每次不过饮两小杯。他鄙夷一切放纵与软弱的行为。他从未料想到，自己的血脉会与自己截然不同。这位父亲是一位拥有非凡能量的伟人，他在经济领域创造了无数奇迹，毋庸置疑，他是自己那管理有序的工厂的主宰。他掌控着周遭的一切，无论是在商界、教会理事会，还是在自己的家庭里，只要他决心引领的方向，他那强大的智慧、坚定的信念以及平静却有力的坚持，总能奏效。在他的坚定行动面前，从未遇到过任何阻碍。

当戴夫东行求学之际，他身强体健，本来可以在体育竞技中找到乐趣与激情。然而，即便在棒球与橄榄球队中，亦有少数队员在言语上不拘小节，事实上，在这所享有盛名的教会学校里，尽管整体氛围幽雅，但仍不乏粗俗言语的存在。戴夫的母亲与姐妹们皆是讲究之人，而戴夫自己，即便在14岁这个懵懂的年纪，也已经开始对粗俗之语感到反感。因此，他选择了与"品行端正的青年"为伍，通过书籍结识了他心目中的挚友。我们不应轻易断言他是装模作样或势利眼，但他确实对任何形式的粗鲁举止难以忍受，这种厌恶之情，随着他对美学追求的日渐浓厚而愈发坚定。除此之外，戴夫在预科学校的时光，是这位出类拔萃少年的黄金岁月，他的思维预示着未来将拥有非凡的智慧与力量。遗憾的是，在这段至关重要的成长阶段，戴夫身旁缺少了一位成熟的引路人；没有一个刚毅的灵魂足够贴近他，去感知他的需求，赢得他的信任。因此，一些源自早期家庭熏陶的倾向得以延续并深化，而这些倾向本应被象征着成熟男子气概的其他品质所替代。

不幸的是，大学生活并未改善这一局面，反而为他提供了放纵弱点的温床。耶鲁大学的三年时光，使他成为社交圈中一名可靠且备受推崇的成员，尽管这一圈子十分高雅，却也略显浮夸。凭借他非同寻常的智慧——无须在体育上投入过多时间——他拥有了大量的闲暇时光。他开始发现自己对吸烟情有独钟，而这恰恰是他父亲极为反感的。偶尔，与几位精选好友共度一场安静的晚宴，享用佐以香槟的佳肴，那种在香槟的调和下精神与情感交融的时刻，成为社交愉悦的极致体验。戴夫无法承受过多的酒精，很快便醉意浓浓，继而无声无息地倒在桌下。翌日，他只能从同伴口中得知宴会上那些机智的祝酒词与趣闻轶事。这些欢愉的时光很快就让戴夫的津贴捉襟见肘。一封询问缘由的商务信函从父亲手中飞速寄达，随后是一纸坚决的命令，要求他必须在已"相当充裕"的补贴范围内生活。父亲与儿子从未成为彼此的挚友，而在此刻，男孩的忠诚开始动摇，疏离感逐渐滋生。戴夫深知父亲的财富，对他的吝啬颇有微词，但他太了解父亲，明白抗议无济于事。3个月的克制之后，一次前往纽约观赏歌剧的旅程打破了这份平静。接受了他人的款待，自然要予以回报。又一场酒宴，由一张向父亲开具的支票买单——家庭战争由此爆发！出于维护家族信誉，这张支票最终得到了兑付，但家门之内，裂痕却悄然蔓延，大卫寄给戴夫的信被点燃，留下了一缕愤怒的蓝烟。它也留下了一个鲁莽、叛逆的儿子，家庭的和谐因此蒙上了阴影。

艾德莱德·福斯特的祖父曾是一位腰缠万贯的巨贾。她的母亲当年义无反顾地选择了迷人的弗雷德·福斯特作为终身伴侣，这是出于爱情的召唤，而非遵从父母的意愿。祖父因她屡次涉足所谓的"投机交易所"而久久未能释怀，直到晚年，方才回心转意，然而留给小孙女艾德莱德的遗产已是寥寥无几。不过，艾德莱德精明能干，善于理财，凭借有限的资源，在巴纳德学院度过了两年充实的求学时光，这段经历极大地丰富了她的学识，锤炼了她的品格。

戴夫与艾德莱德的邂逅发生在艺术的殿堂，这让两颗心灵找到了共鸣。尽管戴夫曾因偶尔的放纵和与父亲的争执影响过学业，但在大二那年，他还是以优异的成绩证明了自己的才华。在很多方面，戴夫都超越了艾德莱德，但她与他在美好事物上的深刻共识，以及她在深奥问题上对他的仰慕，弥补了这一差距。戴夫的父亲对儿子提及的这位年轻女士要么置若罔闻，要么未曾留意，于是，他们的婚礼显得有些仓促，仅有四位亲友见证了这一神圣时刻，这段婚姻几乎是一时冲动的结果。老斯科特先生未曾预料到儿子会有如此大胆之举，但家族的荣誉感再次促使他放下成见，一封措辞正式的"最诚挚祝福"电报后，随之而来的是慷慨解囊的支票。

这对新婚燕尔的爱侣在欧洲度过了半年的蜜月时光，那里的自然美景与艺术瑰宝为他们的旅程增添了无尽的幸福与浪漫。当他们回到克利夫兰的家族宅邸时，最后一笔资金已经消耗殆尽。两天后的夜晚，斯科特先生将儿子召进了书房。是时候重申他的权威了。他言辞简练，直截了当。"嗯，我希望你已经把你的荒唐事都做完了。你已经结婚了。是时候安定下来了。我会为你和艾德莱德提供一个家，可以住在这里，或者如果你们愿意住在别处，每月给你们一百美元的生活费。记住，这是我对她的赠与，你没赚到其中一分钱。你得从底层做起，无论是工厂车间还是办公室。你的薪水将取决于你的工作表现。我希望你能胜任。你是有能力的。晚安。"

戴夫选择了办公室工作。在他看来，车间是"粗糙"的代名词。不幸的是，这位年轻的唯美主义者心中，许多美好、实用且必要的事物都被贴上了"粗糙"的标签，更糟糕的是，他发现自己在越来越多正常甚至是必须面对的情境中感到不适。这位才华横溢、本应前程似锦的年轻人与现实世界格格不入。他拒绝承认现实的严峻。在他眼中，唯有线条的优雅、色彩的绚烂与声音的和谐，思想与表达的美感中才蕴含着真理。在其他环境中，他会感到痛苦。他已经变得在审美上过度敏感。而在所有现实的残酷中，有什么比单调乏味更令人难以忍受？

即使艾德莱德和孩子偶尔也会让他感到一丝厌倦。小斯科特，只要他愿意全力以赴，便能够胜任任何任务。然而，在父亲正考虑为他加薪的半年后，他却突然不告而别。两天后，焦急万分的妻子接到来自纽约的消息，得知他安然无恙，即将于下周回家。然而，父亲不得不帮助儿子结清债务，并购买返程的车票。这是他首次逃离现实世界的残酷考验。似乎半年已是他面对朝九晚五枯燥生活的极限。他沉迷于阅读，品味独到。自学成才的意大利语，让他不久便能自如阅读原著。在家时，他的主要"消遣"就是沉浸在书海中。

艾德莱德证明了自己是一位贤淑尽责的儿媳，她与孩子长久地维护着家庭的稳定，避免了潜在的家庭风暴。但即便是他们的约束力，也有其边界。戴夫对那个"神佛不佑"的办公室越发无法忍受。在第四年里，他五次擅自离岗，寻求精神上的放松。最后一次，他未被批准的休假，导致了一张常规的汇票未能兑现。他不明智地开出了一张支票，严重透支了私人账户。他的父亲似乎一直在等待这样的时机，采取了强硬措施。根据当时的法律，他将儿子当作挥霍无度之人，依法拘捕，并剥夺了其自由，将其置于监护人监管之下。一位年轻医生被指定为负责他人身安全的副手——显然经过了精心挑选。他的使命是教会这位阔少爷如何依靠双手劳动，并以固定数额的收入生活。无疑，这些激进的举措立竿见影，而且在他的同伴兼监护人身上，他发现了很多积极健康的因素。这位医生性格坚毅，从贫穷中奋起，接受了全面的教育，正致力于神经疾病的专项研究。他扎实的理论功底植根于常识的肥沃土壤中。三个月的时间里，他们并肩在农场劳作。两人结下了深厚的友谊，这对戴夫而言，是一段极其有益的经历。他对年轻医生的敬仰为他打开了一扇窗，让他第一次认识到，在克服困难的生活中蕴藏着的美，与热爱工作的高尚情怀紧密相连。

戴夫接受了必须吞下这剂苦药的现实。他原谅了站在父亲一边的艾德莱德，并首次写信承认了自己过往的某些失败。他需要一些书籍，还需要衣物。然而，来自医生的指令对零用钱和娱乐活动设置了严格限制。固执的父亲否决了这些开销。另一位人士被派遣来接替医生的职位——一个能够严格执行父亲旨意的人。反抗的火焰在戴夫·斯科特心中熊熊燃烧，强烈且看似合理。他正在尽力而为。他抱着前所未有的热情投入工作。他看到了自己的需求，有了自我掌控的远见。所有这些，以及更多，他都诚恳地向父亲通过法院指派给他的那位监护人倾诉。然而，没有任何解释，他就要被交付给另一个陌生人监管。他是小孩还是物件？难道他精神上无法承担责任，以至于可以在未经听证的情况下，从一人手中被转让给另一人吗？他发电报抗议，得到的回复是：要么接受新的监护人，要么将被切断一切经济来源。那一刻，大卫·斯科特真正的个性觉醒了。他咨询了律师，得知监护人的权限有限。在俄亥俄州以外的地方，他享有合法的自由。他典当了自己为数不多的私人物品。确保艾德莱德和孩子在经济上得到妥善照顾。一夜之间，他离开了这个州。他宁愿一贫如洗，也要成为一个真正独立的人，而非只是一位百万富翁儿子，一个彻头彻尾的附属品！

彼时，美国刚刚踏足第一次世界大战。各地征召海军陆战队的呼声此起彼伏，旨在"尽快派遣部队赴海外服役"。而戴夫·斯科特，这位崇尚美感的青年，毅然决然地报名成为一名"普通士兵"。他加入军队，迅速奔赴前线。戴夫在帕里斯岛经历了长达6个月的训练。在智力较量中，能与他匹敌者屈指可数，而体魄上，他终于锻造成了如同最坚毅的战士般强壮。不久，他晋升为下士，继而成为军士。他勤勉工作，起初，他紧咬牙关，感官反抗着营地中最艰苦的任务；后来，他带着一抹苦涩的微笑面对挑战；最终，在最关键也是最解放的时刻，他体会到了人类共同劳动中人与人之间的深厚联结。战士们开始向他求助，当他与他们并肩挥汗如雨时，他学会了在最粗犷的外表下识别男子汉的气概。

　　后来，他在香槟前线服役，随后因伤返回祖国。

　　迎接他的，是一位谦逊而又无比自豪的父亲。对于这个不久前还认为毫无价值的儿子，此刻他无法用言语表达内心的崇敬。"一切都过去了，戴夫。我们不会再提那些往事。我已经安排好你的退役事宜。一个月内，你就可以回家安顿下来。"

　　戴夫的回答，或许比他在战场上所做的任何壮举更能证明他的性格已经被重塑："不，父亲，我报名参军四年。在服役期满之前，我是属于海军陆战队的。我欠你、欠艾德莱德、欠孩子，也欠我自己一个证明，那就是我可以成为和平时期的人，就像我在训练营和法国时所努力成为的那种人。我知道，在兴奋的刺激下，我能直面现实。但我还需要证明，我能够面对剩下两年半例行公事般的单调生活。"

Chapter 22

第二十二章｜自私的悲伤

赫尔曼·贾德森夫人的样子足以让天神为之垂泪。她有着一张格外迷人的面孔，银白色的卷发如光环般环绕，但她却深陷于无尽的痛苦之中。现在是下午三点，她刚刚被人搀扶下楼。除了老邦医生之外，所有人都显得紧张不安。每个人的脸上和举止间都流露出紧张和焦虑，直到六只用来支撑、缓解压力的枕头全部调整妥当；直到热水袋紧贴着两个"冰冷"的脚踝；直到她的披肩被取下来，理顺后又准确地放回原处；直到房间已经按照预设的温度通风完毕，并且门被打开，两扇窗户关上；直到屏风被移动了两次以调整灯光的"刺眼"，并防止可能出现的"冷风"；直到挂着的《威尼斯日落景象》被转过脸去，以免玻璃反射出的光线让她"双眼感到冰冷"；直到标有"脊椎疼痛专用"的瓶子中的十滴药水被服下，以及她的侄女花费5分钟用扇子轻轻地扇风，"以免窒息了我的呼吸"——直到这一系列可怜的感官享受的繁琐准备工作完成之后，病人才有足够的力气迎接她儿时的玩伴，威尔拉德·邦医生。

几个月来，每天两次，这个家庭都会屏息以待，配合女主人完成上下楼（今天的行动异常顺利和平静）。说"屏息以待"其实并不完全准确，因为黑人管家本和黑人厨师莉西在贾德森夫人及其摇椅、枕头、毯子和总是随身携带的羊毛披肩（总重208磅，其中180磅是她本人，28磅是随身物品）下楼的过程中，需要做许多深呼吸。而真正应该受到照顾和通风的是本和莉西，尤其是在晚上七点返回时。

这些往返的旅途总显得庄严肃穆，空气中弥漫着一种压抑的紧张。侄女厄玛肩负重任，她需携带热水袋、备用的毛毯以及扇子，以备不时之需。而护士则小心翼翼地捧着药箱和一个小托盘，托盘上摆放着水杯，一旦病人的状况出现丝毫异样，这支队伍便会立即停下脚步，为她服用几滴"心脏补弱剂"，或是从那瓶具有刺激性的"舒缓呼吸困难"药水中吸取几口，确保无虞后才会继续前进。

贾德森太太对自己的病症了如指掌，有18种症状尤为突出。作为家族的远房姻亲，卡明斯医生针对每一种症状都郑重其事地开出了18种不同的药。9个月前，长期累积的疾病达到了顶峰，卡明斯医生怀疑那是一次严重的胆结石发作。几天后，当贾德森太太略有好转时，他向她坦陈了自己的忧虑，并提议可能需要通过手术来解决问题。然而，不到两分钟的时间，贾德森太太便面色苍白，全身颤抖。自此之后，医生、护士、侄女，还包括本和莉西，不分昼夜地努力预防"可怕的胆结石发作"再度来袭，力保贾德森太太的身体"强健到足以承受手术"。但进展却出乎意料地缓慢。每当提及"手术"二字，似乎都会让病人的状况雪上加霜。如今，她已有超过8个月的时间未曾移动过半步，时刻需要他人的悉心照料。

自胆结石的困扰降临以来，卡明斯医生首次需要离家两周之久，他与邦德医生共同预先审视了下楼的全过程，预备进行一次会诊。邦德医生的住处仅隔两条街，他已从繁忙的临床一线退下，随时能够迅速响应紧急召唤。更为关键的是，在贾德森太太的少女时代，他便是她的邻家玩伴。他们曾一同嬉戏，无忧无虑。邦德医生近期才从他们共同的故乡——查尔斯顿搬到底特律。在妻子离世后，他独自一人在故乡生活了多年，现在才搬来与事业有成的儿子同住。他将时间投入于写作，认为这是生命中最为珍贵的时光。他不认为自己是专科医师，仅以家庭医生自居。然而，三十多年来，他以卓越的智慧照料着人们的身心疾患。他给予患者的，是巨大而感召人心的同情。他目睹他们的痛苦，感受他们的恐惧，体谅他们的悲伤，理解他们的脆弱。他关注的，远不止于肉眼可见的躯体疾病。他那敏锐的洞察力，揭示了深藏于心灵之中的隐秘病症。而他那理性而富于同情心的诊疗，犹如外科医生手中的手术刀，灵巧而仁慈地深入其中，治愈着患者的身心。他代表着这样一类人，是上苍派来抚慰身体、心智与灵魂，为脆弱而需援助的人类带来慰藉的使者。

"60年没见面了，时间可真长啊。"邦德医生在安抚好贾德森太太的需求后说道。现在她已经能够注意到这位既熟悉又陌生的医生，并且伸出了她那丰满却颤抖的手来迎接他。

她回答说："你不知道，我差点就见不到你了。我这几个月一直在生死边缘徘徊，但康明斯医生一直帮我挺了过来。你看，他知道我的所有危险状况，并为每一种情况都给我用上了医学界最好的药物。邦德医生，让他给你讲讲吧。我真的希望在他不在的时候别出什么岔子。"邦德医生回答说，有康明斯医生的建议和护士以及侄女的帮助与理解，不会有危险；他会经常过来，每天下午都会来，他们可以聊聊往昔的日子和波士顿周围的老朋友。"我希望如此，"贾德森太太回应道，"但你知道我不能聊太久。不过请你每天都来。这样我会觉得更安心。并且你得向我保证，如果我因为胆结石叫你来，你一分钟都不能耽搁。一旦发作起来，我就像是死过一千次一样。"

"我会立刻赶来，你可以放心，但请让护士在晚上十点就把那些胆结石'安顿'好，因为我们俩都不适合在睡觉的时间狂欢。"

但贾德森太太对这番玩笑话完全笑不出来。

事实上，她那惊恐的表情让邦德医生补充道："别担心，贾德森太太，我还是能在5分钟内准备好，并且我郑重承诺无论何时你召唤，我都会即刻赶到。"

两位医生一同离开了房间。他们一个35岁，一个65岁，一个是现代医学专家，另一个则是一位学识渊博、深谙人性的医师，都认真、能干而诚实。

卡明斯医生说："我很高兴你能来看望我的姨妈。我这几个月一直想请一位顾问，但她总是拒绝。我知道她的很多问题源自神经紧张，而我们知道大多数医生在神经疾病方面投入的时间并不多，我相信你会比我更清楚地看到一些对我来说比较模糊的情况。当他们给她服用'脊背止痛液'时，我感觉你在忍着笑。老实说，在我给她的这些药丸和粉末中，其实并没有多少真正有效的成分。我发现她在能够预见到自己的症状并自行用药时，状态往往比较好。

实际上，这几乎成了老太太现在唯一能做的事情。我对她的胆结石也不是特别确定。症状并不典型，但她确实很痛苦，我不得不几次给她注射大量的吗啡，之后她会难受好几天。相信我，医生，我对她的病情并不自信。这不是我的专长领域。请你尽可能多了解一些情况。做你觉得最合适的处理，你可以依赖于我对你可能做出的任何改变的支持。如果你能让姨妈信任你并与我共同分担她的治疗工作，那真是上帝的恩赐。当然，她年纪太大了，不太可能康复，而且恐怕如果我们必须进行手术的话，那可能会要了她的命。"

邦德医生由衷地感谢那位年轻人。他感觉得到对方的真诚与坦率，并且看得出他已经尽其所能地帮助了自己的病人。

那一晚，老医生仿佛又回到了孩童时代，而罗达·伯罗斯就住在街对面。他们是形影不离的玩伴，他们的母亲是好友。多年以来，他一直珍藏着她那快乐、阳光、美丽的笑容。她比他大一点，总是像大姐姐一样照顾他。那些小小的伤痛和忧愁，在她的笑声里都烟消云散了。自从罗达随着父母搬去西部之后，虽然有无数的人走进了他的生活，但那段童年的美好记忆依然清晰地刻在他的脑海里。没想到，罗达·伯罗斯，他儿时梦中的精灵般的女孩，竟变成了赫尔曼·贾德森太太，一个充满自我怜悯和自私自利的人！医生对这个悲惨的女人产生了深切的同情和希望。他会倾尽全力帮助她，他知道，有时候这样的努力能够创造奇迹。

邦德医生首先与外甥女聊了一下。值得欣慰的是，邦德医生了解到，当罗达阿姨感觉好转的时候，她其实是一个善良和热心的人。通过护士，医生了解到了更多细节：病人每天都会吃两次半熟的牛肉片或烤牛排，并且吃得津津有味。他明白了她体重达到180磅的原因。

一天晚上十一点多钟，邦德医生刚完成一天的工作，正准备休息。这时电话响了，是护士打来的。"医生，真不好意思这么晚打扰您，但我已经给她服用了三剂胆结石药，通常情况下都能缓解症状，除非是真的发作了。我确定她在受苦。"对于这种情况，老医生并不感到意外。病人过去两三天的情况异常良好，而且特别提到了她的胃口变好了。医生到家后的第一个问题就是关于晚餐的详情。"不，今晚没有牛排。我们吃鸡肉沙拉。'莉西'亲自做的；贾德森太太很饿，还要求再吃一份。"

医生以轻柔而细致的手法检查了这位饱受折磨的女士。她的疼痛显然十分剧烈，然而，在最后的诊断中，这位资深医生对胆结石的存在表示怀疑，他更倾向于认为这可能是十二指肠痉挛所致。他对她说："我不想给你注射止痛剂，虽然这样可以快速缓解你的痛苦，但可能会使接下来几天的情况变得更糟。我建议你耐心一些，服用一种味道不太好但疗效显著的药物。我相信我和护士能在两小时内显著减轻你的症状，明天你会感觉好多了。"

"她不会吃的，"当医生将护士叫到一旁时，护士提醒道，"卡明斯医生以前也提过这事儿，结果她对他记恨了好几个星期。她说小时候母亲强迫她喝过这种药，从那以后，她再也不愿尝试。"

"按照我的方法调制，然后拿给我。"医生吩咐道。尽管心存疑惑，护士还是遵照指示行事。她暗自庆幸这次是由医生而非自己来负责让病人服药。当她把药端进病房时，药液散发着柠檬与薄荷的清香，看起来颇为可口。

"贾德森太太，请把这药当作你今夜最亲近的朋友。怀着信心服用它，相信它可以治愈你的病。这药味道不怎么样，吞服起来也不轻松。别小口地喝，最好一口气喝完。"

但她依然慢慢品尝。接着，她尖叫起来，不是因为疼痛，而是出于愤怒与羞辱感。"蓖麻油！我宁可死也不会喝。这种东西连牲畜都不喝。你是想把我毒死吗？你这个老顽固！我就知道放走卡明斯医生会出问题。我连病猫都不会喂这种东西。"

一时间，所有的疼痛仿佛都消失了。尽管医生宽宏大度，面对她的怒吼仍显得有些尴尬，但他依然保持着尊严，回应道："你在拒绝真正的帮助。这是根据我多年的经验作出的选择。在你服用这种药物之前，我无法为你提供其他任何治疗。"

"那你离开吧！"她厉声说道。但紧接着一声长长的哀号响起，因为十二指肠深处的一阵异常剧烈的刺痛使她蜷缩成一团。最终，十二指肠痉挛被克服了！

第一剂药并未受到欢迎，但很快又给她服用了第二剂。随后，医生采取了一些更为温和的治疗手段。到了凌晨1点多，病人已安然入睡，医生离开了医院。第二天，他们之间的交流完全停留在专业层面，直到第三天关系才有所缓和。贾德森太太的怒气似乎具备了凯尔特人特有的短暂性，来得快去得也快，她很快就释然了。

接下来的那个周日下午，似乎正是适合心灵疗愈的好时光。全家人纷纷告诉贾德森太太，她看起来精神多了——自从那次发作后，医生让她坚持清淡饮食。邦德医生说道："关于您自己，您告诉我的太少了，我只知道悲伤降临到了您的身上。"接着，他按照记忆中的模样讲述了她的故事。她几乎忘却了自己童年时期的美丽。邦德医生以一种充满敬仰的语调勾勒出了那个画面。她感觉到他渴望了解更多，而她也意识到自己想要倾诉。于是两人像小时候那样手拉着手坐了2个小时，她向他讲述了9岁时随父亲来到西部；讲述了他们在底特律温馨的家；讲述了她在学校里的出色表现；讲述了她年轻时作为教师的天赋；讲述了25岁时她被选为圣克莱尔女子学院的校长；讲述了30岁前她嫁给了赫尔曼·贾德森，一个比她大15岁的无子鳏夫；讲述了他们幸福的家庭生活；讲述了她的小女儿如何成长为一位女性；讲述了女儿的婚姻；讲述了她的外孙女，以及在50岁之前成为外祖母是多么奇妙的事情！

话题随之转向了那场悲剧："护士，拿那瓶'呼吸困难'的药……我不知道该如何启齿。你无法理解。没人能够理解。这种事情对别人来说是不同的。一列火车穿过了桥梁，夺走了他们三人的生命——我的丈夫、我唯一的女儿、亲爱的外孙女。我不知道自己是如何保持理智的。我的内心深处有种东西断裂了。我没能参加他们的葬礼，虽然我把妹妹接回来和我一起住，后来她去世后，我尽力抚养她的孩子艾玛。我知道艾玛努力想成为我的女儿，但我一直感到孤独、痛苦和病态。我没有活下去的理由，但我害怕死亡。"

随后，她开始细数近20年来的种种病痛：脆弱敏感的脊椎、持续的呼吸困难以及心脏永恒的跳动声。这一系列的症状对邦德医生而言早已司空见惯，在神经疾病患者的经历中屡见不鲜——对于神经科专家而言就如同阑尾炎之于现代外科医生一样寻常，在每一个神经病患者的心目中，这些症状又是如此与众不同。然而在这长达两个小时的故事里，有一句简短的话语在医生心中显得格外突出：

"我没有活下去的理由，但我害怕死亡。"他温柔地向她表示感谢。他在倾听她讲述巨大悲痛的过程中感同身受，而她也知道他在为她的痛苦而承受煎熬。"您可以恢复健康。您可以找到值得活下去的理由，并且克服对死亡的恐惧，只要您愿意为此付出努力。"

一时之间，她误解了他的意思。"医生，若能重获健康，我愿倾其所有，哪怕是数千美元。"

他再一次温柔地轻声回应："钱财于我无足轻重。你缺少的是另一种财富，唯有它才能换取康复。若你想了解详情，本周三我会向你透露。"

她在周一和周二的探访中，出于好奇提及了邦德医生所说的特别疗法。然而，直到周三下午，他才正式展开这个话题。

"上周你病得很重，若处置不当往往危及性命。但当我今天见到你，想起你灿烂的童年，那些年的幸运际遇，以及那颗因突如其来的打击而破碎的心，我意识到你正遭受着一种比肉体疾病更为严重、更为致命的病症。你的心理健康、青春与仁慈正面临致命的威胁。我看到你的灵魂如同一副干枯的骨架，它威胁要在你的身体消逝之前先一步消亡。自私的悲伤已经侵蚀并渗透了你曾经美好、高尚的自我，如今你已不再拥有真正的善心。你对他人的善意只是为了换取他人对你的好感。你慷慨解囊，但这并不需要你做出牺牲，因为你希望通过这种方式重新找回你无法割舍的慷慨之心。你从其他人那索取关怀、牺牲、忠诚、无私的奉献，而你回馈给他们的只有冷冰冰的金钱。在这方面你是富有的，但在赋予生活哪怕只有一天真正价值的品质上，你却无比贫穷。你那无尽的症状清单上的每一项症状都可以被治愈，只要你愿意在面对病痛时，欣然接受其中的祝福。"

邦德医生的话语本身并无魔力，一定是他的人格魅力让这些不受欢迎、令人羞愧的事实变得具有说服力，赢得了她的信任，并激发了希望。或许是他最后的承诺帮助她做出了决定——他有信心能够消除那些可怕的、永远悬而未决的身体痛苦。不管怎样，她作出了承诺：在接下来的6个月内，她将完全遵循他的指导行事。如果6个月后她没有感受到明显的改善，她可以选择终止治疗。

这是一个漫长的故事，一段展现非凡医术的故事；这是一个关于艺术家一般工作的故事——邦德医生正是这样一位艺术家，他用双手引导身体从疾病走向健康。最终，胜利降临！6周后，病人能够自行站立行走。6个月后，她每天可以步行3英里。她的食欲增加，沐浴、睡眠和工作都恢复如常，仿佛她不到60岁，不是即将迈入古稀之年的长者。她和邦德医生的家人一起，在休伦湖畔的小屋度过了一个愉快的夏天。她开始更有意识地使用自己的财富，并变得更加慷慨无私。不久之后，随着她开始关注外部世界，内心也逐渐找到了久违的平静。

那个冬天，邦德医生在东部度过。某一天，快递员送来了一个包裹——里面装着他一直珍爱的书籍，装帧精美，还附带了一张便条：

"致我最亲爱的朋友：今天是我70岁的生日。自从悲伤降临以来，我就再也没有如此年轻过；自从我们还是孩童时我照顾你受伤的手臂以来，我就再也没有这般快乐过。我走到市中心，你知道大约2英里远，然后又走回来，我在书店里肯定走了至少1英里，就是为了找到这些你喜欢的书，它们的装帧值得你更好的欣赏。你所有的承诺都已实现。愿上帝保佑你！"

Chapter 23

第二十三章 ｜ 精神力量的伟大

有什么能比孩子更能触动人心呢？她的脸颊如玫瑰花瓣般娇嫩，她的眼眸清澈如湛蓝湖水，她的金发卷曲如金色波浪。她刚刚满月，仿佛已懂得要以最美的姿态示人。因此，当父亲走近，俯身望向她的小摇篮时，她绽放了笑容，接着又羞涩地低下她那摇摆不定的小脑袋，对着母亲微笑。这位亲爱的母亲今日才得到医生的许可，可以坐起来一个小时。正如保姆露嬷嬷所说，小宝贝就这样躺着，玩着自己的手指和靴子上未被挑选的粉色丝带。每当家人讨论特别严肃的话题时，她便一脸认真地凝视着父母，直到两人都注意到她，然后露出笑容。

　　这是一场至关重要的家庭会议，决定着小宝贝未来的诸多事项。她专心致志地聆听，从未打断，坚持让每个人保持愉快的心情，以至于露嬷嬷坚信"这小甜心听懂了她爸妈的话，知道他们在给她取名字"。

　　索思亚德夫妇已携手共度12年。他们的大女儿乔治娅8岁，次女埃塔5岁。这一次，他们确信将迎来一个能延续索思亚德姓氏与家族传统的男孩。家族的第一位明托伯爵曾为索思亚德家族注入高贵的血脉，父亲渴望有个儿子，希望他能够承袭"明托·索思亚德"这一名字所带来的双重荣耀，成长为卓越之人。

然而，迎来的却是一个"女孩"！并且，父亲因公务离家两周之久。有传言称他在查尔斯顿借酒消愁。直到回家后，他才得知妻子的病情严重。他们未曾为一个小女孩规划未来；因此，小宝贝将近一个月大了，依旧被露嬷嬷唤作"小甜心"，被其他人叫作"小宝贝"。今天，母亲第一次坐起来，准备为小宝贝取一个名字。

"为什么？亲爱的爸爸，从来就没有女孩叫这个名字。我觉得如果是个男孩还好，但她这么娇小可爱，这个名字对她来说似乎总是有些不搭调。"

"亲爱的妈妈，你有更好的建议吗？我并不想争论或过分坚持，但你知道我一直期望家中能出现'厄尔'这个名字，而且我个人认为，这个名字既独特又有贵族气息。此外，其他女孩的名字都是由你提议的。我知道你在考虑她的未来，担心一个特别的名字将来会让她感到不安。但是我们应该教会她为拥有这样一个响亮的名字而自豪。我的愿望非常强烈，我真的想不到其他更满意的名字。"

正当此时，小宝贝望着妈妈，微笑着发出了只有母亲才能理解的声音。妻子的手悄悄地握住了丈夫的手。于是，这个小女孩就被命名为明塔·索瑟德。

哪里还有比这里更适合新生命成长的环境呢？这座庄园横跨卡托巴河两岸，在那些日子里，河水清澈透明，从山脉流向大海，肥沃的土地总能带来丰收。庄园主宅，这个散落在南方的家园，已经在三代人的见证下扩建了三次。门廊上的优雅柱子，走在沿河道路上的人，数英里外都能看到。庄园主宅在成排的水橡树中显得格外优美。

四年来，小明塔茁壮成长，给这个家庭带来了无尽的欢笑。露嬷嬷对她宠爱有加，就连一向任性的乔治娅有时也会请求"照顾"这个娇小的妹妹，并且允许她玩自己的玩具而没有任何怨言。

然而，热病突然来袭！医生说："是伤寒，已经影响到了大脑。"父亲、母亲和露嬷嬷轮流陪伴着她度过那些漫长的炎热日子。那时，雨水仿佛忘记了降临，清凉的海风也无情地躲藏起来。来自夏洛特、查尔斯顿和亚特兰大的医生们纷纷前来诊治，他们神色凝重，摇头叹息，遗憾地离开，没有提出任何有效的治疗方法。这场热病持续了5个星期，孩子看上去一天比一天虚弱，病情对她造成了永久的损害。她恢复得如此缓慢，以至于短短一周内都看不出任何好转的迹象。6个月过去了，她还不能行走。一年后，她仍然体弱多病。然而，就在接下来的一个月里，仿佛正常的童年时光又回来了，她开始玩耍，变得快乐起来。

当然，"小甜心"被宠坏了，她就像个小女王。不过，母亲对待她的方式既充满爱心又不失机智，她明智地实行了对孩子的必要管教。母亲的记忆一直被她视为神圣的存在。露嬷嬷做了很多努力来削弱母亲的严格照料。长期以来，这个可怜的孩子"什么都吃不下"，等到明塔的食欲恢复时，她那疼爱她的黑人保姆就会满足她所有的需求。如果热病没有彻底破坏孩子的消化系统，露嬷嬷不断提供的"小零食"也足以造成同样的后果。起初，这个问题并没有引起注意。明塔很少抱怨身体不适。人们会发现她躺在那里，背对着光线，她总是回答说自己"玩累了"，有时候只是说"我的头有点疼"。父母认为她玩得太激烈了，因为她变成了一个极其投入的小姑娘，无论做什么事情都全身心投入，特别是当她那双蓝色的眼睛变成蓝黑色时，更是表现出她坚定的意志。

几个女孩都在家里接受了早期教育，所以当明塔13岁时，艾利森小姐从华盛顿来到家里担任家庭教师，准备辅导她一年，以便第二年秋天送她去学校。这一年，乔治娅离家出走了。她在萨凡纳探亲几周后突然失踪，只留下了一张匆忙写下的字条给她的朋友们，说她会在纽约给家人写信，并请他们不要为她担心。也许是对自己的行为感到害怕，她从纽约寄来的信写得很随意：她说自己和兰道夫在纽约很安全，他们会待十天。她感到抱歉。他们会原谅她吗？她知道自己做错了。可以用东十四街的某个地址给她写信，那是他们寄宿的地方。

愤怒的父亲将两个女孩和她们的母亲叫到办公室，先读了乔治娅的信，然后撕碎了它。"从今以后，在这个家里不要再提起你们姐姐的名字。她给索瑟德家族在美国带来了第一个耻辱。她已经被逐出家门，我希望她能在自己的耻辱中消失。"

没有什么事情能像那一天父亲的脸色那样深刻地影响了明塔。他的脸上显露出了原始的野蛮气息。没有人敢发出抗议的声音。他们都清楚，南达先生铁石心肠、毫不动摇。自此之后，南达先生就变了，他的一些温和与柔情永远消失了。一家人就这样继续生活着，那个不可提及的名字就像一座坟墓一样横亘在他们面前。父亲那一年外出的时间更多了。他在家里从来不喝酒。在他去世后，人们发现他已经输掉了数以千计的财产——乔治娅的那一份。

那位弱不禁风的母亲，一直耐心、忠诚且可爱，似乎无法从这一切的羞耻和悲伤中解脱出来，给予明塔的关注也越来越少。这时，明塔的主要影响者变成了艾利森小姐和露嬷嬷。艾利森小姐配得上这份责任，她可能在很大程度上决定了这个女孩的未来。她学习过艺术，并希望能花几年时间出国深造。但由于缺钱，这个愿望落了空。然而，她想象力丰富的学生喜欢她经常提及的艺术，并请求学习素描。明塔很早就展现出了不同寻常的技巧和才华的潜力；尽管如此，父亲并不打算让她跟着艾利森小姐去北方上学。但种子已经种下，她注定要成为一名艺术家，但代价却是巨大的！

她在康弗斯学院度过了两年。第二个暑假期间，她的父亲去世了。由于母亲的心脏逐渐衰弱，明塔在接下来的一年留在家中照顾她。在母亲去世前几周，她跟明塔谈起了那位姐姐，谨慎地避免提及她的名字。"我一直觉得我们对待她的方式不对，等你长大一些的时候，你能不能试着去找她，并帮助她？"

骑士的精神也在年轻的女儿身上体现。"我确实认为她给我们带来了足够的不幸。她改变了我们的家庭，缩短了父亲的生命。我无法原谅她。"

"但是，女儿啊，我们并不了解真相。可能有些误会。"

明塔的态度很坚决。"她不再是索瑟德家族的一员了。父亲是对的。"

母亲没有坚持，只是说："她也是我的孩子。她和你血脉相连。我们应该原谅她。"

不久后，母亲离世。紧接着，在母亲葬礼后的短短两个月内，明塔原本就虚弱的身体被一场肺炎彻底击垮，这对正值成长关键期的她来说无疑是雪上加霜。随后的18个月里，她几乎都在床上度过。在这种境况下，家人决定让她去咨询一位她父亲的朋友——城里的一位医生。然而，这位看似专业的外科医生实际上却是个只会吃喝玩乐的朋友。他的医疗理念极其单一，认为"手术"可以解决一切问题。他承诺的救命手术最终却成了她的噩梦。直到两年后，她才意识到自己天生的权利已经被剥夺。她的头痛不仅没有减轻，反而愈发剧烈，甚至开始感到眩晕和疲惫。

最终，她远赴东方，找到了一位享誉世界的医学专家。这位医生不仅技术精湛，而且真正懂得病人的心。他不仅为她做了手术，纠正了之前手术留下的损伤，更重要的是，他拥有敏锐的洞察力，能够深入理解病人的精神世界，是一位能够让每一位患者敞开心扉，分享内心最深处秘密的医生。

他对她说："我很担心，小姑娘，你的梦想似乎只适合那些毫无疑问的强者。你是一个弱者。在你最初生病时，些对转化食物为能量至关重要的器官受到了不可逆转的损害。而第一次手术又增加了更多的伤害，这种损害无论是时间还是技术都无法挽回。你的眼睛也无法承受艺术生涯中无尽的压力。你就像一株温室中的花朵，无论人类如何努力，都无法让你变得足够坚强，去适应波希米亚或任何其他世界的挑战。你永远只能是个半残之人。"

这位伟大的医生是在得到了专家团队的支持之后才得出了这样的结论。他说的每一句话都是真实的，至少在他和他的团队所能了解的范围内。

但他们未曾料到的是，她的血液里流淌着不屈不挠的骑士精神。"我不会接受这样的命运。你给我描绘的生活不值得我去过。我要在欧洲与我的艺术共度这两年，即使这意味着放弃你所说的我还能拥有的所有其他岁月。"

她真的做到了！她先是在纽约筹备了一年，随后在罗马深造了两年。每个星期，她用三天的时间勤奋工作，却还得忍受一天的病痛折磨。这痛苦是多么令人难以置信！她曾被警告过药物缓解可能带来的风险。当医生拿着皮下注射器前来为她治疗时，她的愤怒如同火山喷发。"如果这就是你们所能提供的全部，那你们大可不必再来。我自己同样能做到。"她发现，唯有安静、黑暗，有时甚至是禁食，才能减轻疼痛的程度并缩短疼痛的持续时间，其他的疗法都无法达到同样的效果。

在罗马，还有一位穷困但才华横溢的美国艺术学生，他同样因为对艺术的热爱而埋头苦学。他们本可以彼此扶持！他们都清楚这一点。合作了几个月后，他自然而然地问她是否愿意等待他成名并建立起自己的声望。她知道等待并非必要；她有足够的资源支撑他们两人，并且她能够助他更快地达成必将属于他的荣耀。她更知道，自己对他的爱无人能及——这一点从未有过丝毫怀疑。然而，这一次的爱情竟是如此残酷。它带着所有的温柔与美好降临，却只为烧灼和撕裂她的心灵。那位伟大的外科医生曾温柔而慈父般地告诉她"不能结婚"。直到这一刻，她才深刻理解这句话背后的含义。没有丈夫，没有孩子，她是一位长期且无法治愈的病人，只能独自面对这一切！

那个男人离开了。她无力给出任何解释。她甚至记不清自己对他说了些什么。世界变得一片漆黑，意识也随之消逝。她在一家意大利医院躺了数周。埃塔和她的丈夫赶来探望，他们听到的唯一合乎逻辑的话就是她恳求回到金斯利医生身边。

他们设法回到美国，但她已病入膏肓，生命仿佛只剩下一个空壳。她花了好几周才意识到自己身处何方，又过了几周，她才能够向金斯利医生详述一切——不仅仅是最终揭露的悲痛，还有这次未曾提及的乔治亚——家族的耻辱。

当明塔向金斯利医生讲述乔治亚的故事时，泪水悄然溢出了她的眼眶。她用极其温柔的语调说道："我知道你会原谅她的。"这句话说得如此高尚、美好且恰到好处，让人除了原谅之外别无他选。待她恢复了足够的体力之后，她开始四处寻找那位曾让她的生活陷入复杂局面的妹妹，并最终通过一位老同学找到了她的下落。事情正如她母亲所预料的那样发展。乔治亚嫁给了一个所谓"社会地位较低"的人，这位骄傲到不愿再提笔写信的女子如今定居在布鲁克林，成为兰道夫的妻子，而兰道夫则在远洋货轮上担任助理工程师。埃塔去探访了乔治亚，随着明塔内心的怨恨逐渐消散，多年以来压在她心头的重负也终于得到了释放。她对金斯利医生说："在所有的事情上，我一直都是您最忠实的病人——只有一件事除外。我会继续工作，不停地工作。"

她的确做到了。没有人能够理解她是如何坚持下来的。那瘦削不堪的身躯，那双似乎总在抗议过度劳累的眼睛；病痛的反复发作消耗着她的体力，让她连续多日像遭受酷刑般挣扎，这种痛苦迫使她在身心上都不得不屈服，然而即便如此，这些年的磨难并未削弱她灵魂中的那份高贵。

在相对平静的日子里，她始终不懈地奉献着自己。没有人知道她的乐观源自何处，她总是自发地展现出善良，因此赢得了无数朋友的喜爱；她贡献了自己的才华，这一点毋庸置疑。有些出版商认识到了她的技艺。她笔下的一切都带着一抹悲悯之情，这并非苦涩或丑陋，而是始终散发着美的光芒。

尽管明托·索思亚德在我们通常所说的健康方面存在着不可逆转的缺陷，但她凭借着勇敢地适应自己的无情局限而取得了胜利——这是一种只有少数人才能够达到的和谐境界，即使是那些思维丰富、体魄健全的富人也未必能达到。

我们怎能忽视精神力量的伟大呢？